ABRÉGÉ

DE

GÉOMÉTRIE PRATIQUE

APPLIQUÉE

AU DESSIN LINÉAIRE,

Au Toisé et au Lever des Plans;

SUIVI

DES PRINCIPES DE L'ARCHITECTUR E

ET DE LA PERSPECTIVE;

ET ORNÉ DE 400 GRAVURES EN TAILLE DOUCE

Par F. P. B.

ouvrage

APPROUVÉ PAR LE CONSEIL DE L'INSTRUCTION PUBLIQUE

Vingt et unième Edition.

CHEZ LES ÉDITEURS

TOURS   **PARIS**

Ad MAME ET Cie   Ve POUSSIELGUE-RUSAND

Imprimeurs-Libraires.   Rue du Petit-Bourbon-St-Sulpice.

1851

Tout Exemplaire qui ne sera pas revêtu des trois signatures ci-dessous, sera réputé contrefait.

Les Editeurs,

Les ouvrages suivants, par F. P. B., se trouvent aux mêmes adresses.

PRÉFACE.

L'enseignement de tout *art* et de toute *science* exige nécessairement que le professeur donne à son élève des notions fixes et invariables sur les choses qu'il veut lui inculquer, pour l'empêcher d'en prendre de fausses idées, assurer sa marche dans la pratique des leçons qu'il doit lui donner, et obtenir de prompts résultats. La Géométrie étant la base fondamentale du dessin linéaire, nous avons pensé qu'il serait convenable de donner d'abord les principes les plus essentiels de cette science, afin que l'élève étant fixé sur les définitions, la nature et les propriétés des lignes, connaissant les instruments et les règles qui en indiquent l'usage, puisse exécuter avec plus de justesse et de promptitude les dessins qui lui seront proposés, et se former non-seulement la main en traçant des lignes, mais encore l'esprit en se rendant compte à lui-même de ses opérations.

S'il est nécessaire qu'un ouvrier puisse dessiner promptement les différentes projections des meubles et autres objets qu'il doit entreprendre, afin de faire connaître à celui qui veut l'employer qu'il a bien saisi sa pensée, il ne l'est pas moins qu'il puisse les représenter d'après des principes invariables, pour en coter les dimensions et pouvoir les exécuter avec goût et sécurité ; ce qu'il ne pourrait faire s'il n'avait aucune idée de géométrie, de l'usage des instrumens, de l'échelle de proportion, etc.

Nous ferons donc marcher de pair les principes et les exemples ; l'enfant apprendra les règles dans la partie géométrique, et en fera de suite l'application en dessinant les modèles qui lui seront présentés. Cet ouvrage, presque unique en son genre, est tout à fait à la portée des enfans : le grand nombre d'exemples qu'il contient les mettra en état de résoudre les problèmes ordinaires de Géométrie, de Dessin linéaire, d'Arpentage de Toisé, de Lever des plans, de Projection, d'Architecture et de Perspective. Ils y trouveront tout ce que contiennent d'essentiel des ouvrages très-volumineux et d'un prix au-dessus des facultés de la classe ouvrière. L'élève qui le possèdera parfaitement pourra copier des façades de monumens, des projections de meubles et autres objets que le maître lui désignera : accoutumé à ces sortes d'opérations, la nature entière parlera à ses yeux et à son esprit ; tout lui fournira de nouvelles idées, et contribuera à former son goût et à développer ses facultés.

Les demandes qui ont plus de rapport au Dessin linéaire sont désignées par un astérisque.

N. B. *Pour faciliter l'enseignement du dessin linéaire il convient que les enfans qui l'étudient soient classés en trois ordres : pendant la leçon, ceux du premier nommeront les figures qui leur seront montrées sur le tableau par le maître ou par un répétiteur ; ceux du second traceront ces mêmes figures sur un autre tableau à mesure qu'elles leur seront demandées ; et ceux du troisième étudieront et réciteront ensuite ; les demandes marquées d'un astérisque*

On trouve à la fin de ce volume les questions à faire pour les trois ordres.

ABRÉGÉ
DE GÉOMÉTRIE

APPLIQUÉE

AU DESSIN LINÉAIRE,

AU TOISÉ ET AU LEVER DES PLANS.

DÉFINITIONS PRÉLIMINAIRES.

* 1. Qu'est-ce *que la Géométrie ?*

C'est une science qui a pour objet la mesure de l'étendue dans toutes ses propriétés.

* 2. *Combien distingue-t-on de sortes d'étendues ?*

Trois : l'étendue en longueur qu'on appelle ligne ; l'étendue en longueur et largeur qu'on appelle plan , surface , aire ou superficie ; et l'étendue en longueur, largeur et épaisseur ou profondeur , qu'on appelle volume , corps ou solide.

* 3. *Qu'est-ce que le dessin linéaire ?*

C'est l'art de représenter , par de simples traits , le contour des surfaces et des corps.

* 4. *Quelle est la base du dessin linéaire ?*

C'est le tracé géométrique.

* 5. *Qu'est-ce que le tracé géométrique ?*

C'est la partie de la géométrie qui enseigne l'usage du compas pour la détermination des lignes.

CHAPITRE Ier.

DU POINT ET DES LIGNES.

6. Qu'est-ce *qu'un point ?*

C'est un espace qui a infiniment peu d'étendue : le point géométrique ne peut tomber sous les sens; on l'exprime par un point physique A , *fig*. 1re.

7. *Qu'est-ce qu'une ligne ?*

C'est une trace indiquant le passage d'un point à un autre. On distingue deux sortes de lignes : la droite et les courbes.

8. *Qu'est-ce que la ligne droite ?*

C'est celle dont tous les points qui la composent sont dans la même direction , telle est AB, *fig*. 2. On la définit encore : le plus court chemin d'un point à un autre.

9. *Qu'est-ce que la ligne courbe ?*

C'est celle dont les différens points qui la composent ne sont pas dans la même direction , DE, *fig*. 3.

10. *Combien y a-t-il de sortes de lignes droites ?*

Il n'y en a que d'une sorte; car il ne peut y avoir qu'un chemin direct pour se rendre d'un point à un autre.

11. *Combien y a-t-il de sortes de lignes courbes ?*

Il y en a une infinité , un point pouvant s'éloigner plus ou moins de sa direction pour se rendre à un but désigné. La principale de ces courbes est la circonférence du cercle.

12. *Qu'appelle-t-on circonférence ?*

C'est une ligne circulaire ABCD, *fig*. 4 , dont tous les points sont également éloignés d'un point intérieur M , qu'on appelle centre.

13. *De quelles lignes la géométrie s'occupe-t-elle particulièrement ?*

Des lignes droites et de la circonférence du cercle.

* 14. *Comment trace-t-on une ligne droite ?*

En faisant glisser une pointe à tracer le long d'une règle. Lorsque la distance est plus grande que la longueur de la règle, on se sert d'un cordeau ou ficelle qu'on tend d'un point à l'autre. Lorsque les points sont sur le terrain et fort éloignés l'un de l'autre, on se sert de jalons que l'on plante de distance en distance pour faciliter le tracé de la ligne.

* 15. *Quand est-ce qu'une droite est indéterminée ?*

C'est lorsqu'on ne connaît qu'un point par où elle doit passer ; parce qu'alors on peut placer la règle dans un sens arbitraire, pourvu qu'elle arase le point connu.

* 19. *Quand est-ce qu'une droite est déterminée ?*

C'est lorsqu'on connaît deux points par où elle doit passer ; parce que, dans ce cas, il faut que la règle, le long de laquelle on la trace, soit ajustée aux deux points, sans qu'on puisse la placer dans un autre sens : ces deux points sont ce qu'on appelle les conditions de sa détermination.

* 17. *Comment trace-t-on une circonférence de cercle ?*

Ayant ouvert le compas d'une grandeur arbitraire, on fait tourner l'une de ses branches autour de l'autre fixée en un point. Si la circonférence était très-grande, on se servirait, pour la tracer, d'une ficelle fixée au centre par une de ses extrémités.

18. *Qu'est-ce que mesurer une ligne ?*

C'est déterminer combien de fois elle en contient une autre, prise pour terme de comparaison. Par exemple, soit C D, *fig.* 2, le terme de comparaison ou l'unité de mesure, la longueur de la droite A C sera déterminée lorsqu'on connaîtra combien de fois elle contient C D.

DESSIN LINÉAIRE.

CHAPITRE II.

DU CERCLE.

SECTION PREMIÈRE.

Graduation du Cercle.

* **19.** Qu'est-ce *qu'on appelle cercle ?*

C'est la superficie renfermée par la circonférence. Par extension, on donne quelquefois le nom de cercle à la circonférence même.

* **20.** *En combien de parties divise-t-on ordinairement la circonférence du cercle ?*

En 360 parties qu'on appelle degrés. Le degré se divise en 60 minutes, la minute en 60 secondes, etc.

* **21.** *Toutes les circonférences sont-elles susceptibles de cette division ?*

Oui : si elles sont petites les degrés sont plus petits, mais le nombre en est toujours le même. Ainsi, la circonférence, *fig.* 4, a 360 degrés aussi bien que celle *fig.* 5, qui est plus grande.

* **22.** *Quelle est l'utilité de la division du cercle ?*

La division du cercle est la base du calcul géométrique, et le fondement de toutes les démonstrations de cette science.

* **23.** *A quoi sert-elle particulièrement ?*

A mesurer les angles et à déterminer leur valeur.

SECTION II.

Des Lignes considérées à l'égard du Cercle.

24. QUELLES *sont les lignes considérées à l'égard du cercle?*

Ce sont le diamètre, le rayon, les arcs, les cordes ou sous-tendantes, la flèche, la sécante et la tangente.

25. *Qu'est-ce que le diamètre?*

C'est une droite A C, *fig.* 5, qui, passant par le centre, se termine de part et d'autre à la circonférence : elle partage le cercle en deux parties égales.

26. *Qu'appelle-t-on rayons?*

Ce sont des droites M D, M E, *fig.* 5, qui mesurent la distance du centre à la circonférence.

27. *Que résulte-t-il de ces deux dernières définitions?*

Que tout diamètre vaut deux rayons d'un même cercle, et que tous les rayons d'un même cercle sont égaux.

28. *Qu'appelle-t-on arcs?*

Ce sont des portions de circonférence considérées séparément; telles sont A I D, D N E, E O C, *fig.* 5.

29. *Qu'appelle-t-on cordes ou sous-tendantes?*

Ce sont des droites qui, passant dans le cercle, se terminent aux extrémités des arcs : telles sont A D, D E, E C, *fig.* 5; elles sont toujours plus courtes que le diamètre du même cercle.

30. *Qu'est-ce que la flèche?*

C'est une droite A E, *fig.* 4, élevée perpendiculairement sur le milieu d'une corde, et qui mesure la plus grande distance de cette corde à l'arc qu'elle sous-tend.

31. *Qu'appelle-t-on sécante?*

C'est une ligne F G, *fig.* 5, qui, passant dans le cercle, coupe la circonférence en deux endroits F et G.

32. *Qu'appelle-t-on tangente?*

C'est une ligne qui ne fait que toucher la circonférence du cercle, telle est H L, *fig.* 5.

CHAPITRE III.

DIFFÉRENTES ESPÈCES DE LIGNES DROITES, ET MANIÈRE
DE TRACER LES PERPENDICULAIRES.

33. Qu'appelle-t-on *perpendiculaire?*

C'est une ligne droite qui, tombant sur une autre, ne penche ni vers un côté, ni vers l'autre de cette même ligne : telle est E D, à l'égard de A B *fig.* 6, et réciproquement.

34. *Qu'appelle-t-on ligne oblique?*

C'est celle qui penche plus vers un côté d'une ligne donnée que vers l'autre : telle est A B, à l'égard de C D, *fig.* 10.

35. *Qu'appelle-t-on verticale?*

C'est celle qui suit la direction d'un fil à plomb.

36. *Qu'appelle-t-on ligne horizontale?*

C'est celle qui suit le niveau de l'eau.

37. *Combien y a-t-il de cas différens pour mener une ligne perpendiculaire à une autre?*

Quatre : car l'un des points qui servent à la déterminer peut être donné au milieu de la ligne, ou en un endroit quelconque de cette même ligne, ou à son extrémité, ou enfin hors de la ligne.

38. *Que faut-il faire pour élever une perpendiculaire sur le milieu d'une ligne donnée* A B, *fig.* 6?

Il faut, de ses extrémités, et d'une ouverture de compas plus grande que la moitié de la ligne, décrire des arcs de même rayon qui se coupent en D et en C; tirer la droite ED qui sera la perpendiculaire demandée.

Ceci est évident; car tous les points des arcs, comme ceux des circonférences, sont à une égale distance des centres d'où ils ont été décrits (N° 12). Les centres sont ici aux extrémités A et B de la droite; or, les arcs

ont les points d'intersection D et C de communs : donc
la droite D C qui les joint est perpendiculaire à A B
et passe au milieu de cette ligne, tous les points d'une
droite étant dans la même direction (N° 8).

Sur le terrain on se sert de la chaîne ou d'une ficelle,
pour décrire les arcs et mener les perpendiculaires.

* 39. *Si le point où doit tomber la perpendiculaire est indiqué en un endroit quelconque C de la
ligne donnée, fig. 7, que faut-il faire ?*

Il faut, du point donné C, décrire les arcs A et B
d'un même rayon ; et de ces points A et B décrire des
arcs en E : la droite tirée du point d'intersection E au
point C, sera la perpendiculaire demandée.

* 40. *Que faut-il faire pour élever une perpendiculaire à l'extrémité d'une ligne ?*

Il faut d'abord la prolonger, comme on le voit,
fig. 8 ; du point A décrire les arcs B et C, et opérer
comme pour la *fig.* 7.

On pourrait encore obtenir cette perpendiculaire
de la manière suivante : du point A décrire l'arc BG ;
du même rayon, à partir de B, couper cet arc en D ;
du point D décrire l'arc E ; mener la ligne BE : sa rencontre avec l'arc E désignera le passage de la perpendiculaire. Ou bien, après avoir porté le rayon de B en D et
de D en G, on décrirait de ces points les arcs en E : leur
intersection serait le point par où la perpendiculaire
doit passer.

On pourrait encore se servir de la méthode donnée
(N° 76).

* 41. *Si le point où l'on veut que la perpendiculaire
passe est donné hors de la ligne, que faut-il faire ?*

Il faut, de ce point donné C, *fig.* 9, couper la ligne
A B par des arcs A et B de même rayon ; de ces points,
décrire des arcs qui se coupent en I, et la ligne C D
sera la perpendiculaire demandée.

42. *Quel est le point d'une droite le plus près d'un
autre point E, situé au-dessus ou au-dessous de cette
même ligne, fig. 7 ?*

C'est un point C où tombe la perpendiculaire qu'on mène de ce point à la ligne ; car si du point E, et d'un rayon égal à EC , on décrit un arc DF , tous ses rayons seront égaux (N° 27); or, le rayon pris sur la perpendiculaire est le seul qui arrive à la droite sans qu'on soit obligé de le prolonger , et les autres le sont d'autant plus qu'ils s'éloignent davantage de cette dernière ligne : donc , le point d'une droite , le plus près d'un point situé au-dessus ou au-dessous de cette ligne, est celui où tombe la perpendiculaire qu'on lui mène du point donné.

* 43. *De quoi se sert-on pour mener des perpendiculaires lorsqu'on veut abréger ?*

On se sert de l'équerre.

' 44. *Qu'est-ce que l'équerre dont se servent ordinairement les dessinateurs ?*

C'est une petite planchette terminée par trois côtés en ligne droite, *fig.* II : deux de ces côtés sont perpendiculaires l'un à l'autre, et s'appellent côtés droits. Le troisième , qui est le plus grand , est opposé à l'angle droit et se nomme hypoténuse.

* 45. *Que faut-il faire pour mener des perpendiculaires à une ligne, au moyen de l'équerre ?*

Placer une règle qui arase la ligne donnée , et faire glisser l'un des côtés de l'angle droit de l'équerre contre cette règle ; toutes les lignes qu'on tirera le long de l'autre côté , seront perpendiculaires à la ligne donnée.

46. *Comment s'assure-t-on de la perpendicularité d'une ligne ?*

Du pied D de la perpendiculaire, *fig.* 9 , et d'un rayon arbitraire , on coupe la base en A et en B ; de ces points on décrit deux arcs qui se coupent en F ; si l'intersection se fait sur la droite F D , elle est perpendiculaire à l'autre, sinon elle est oblique par rapport à cette ligne.

' 47. *Que faut-il faire pour trouver un point qui soit également distant de deux autres points donnés ?*

Il faut, des deux points donnés A et B, *fig*. 11, et d'une ouverture de compas plus grande que la moitié de la distance de l'un à l'autre, décrire, du même rayon, des arcs qui se coupent, et le point d'intersection C sera celui qu'on demande. On pourrait par ce moyen trouver une infinité de points qui satisferaient à la demande et qui seraient tous dans la même direction.

48. *Que faut-il faire pour trouver deux points également éloignés de deux autres points donnés,* **A** *et* **B**, *fig*. 6?

Il faut, des deux points donnés, et d'une même ouverture de compas prise arbitrairement, décrire des arcs qui se coupent, et les intersections C et D seront les réponses. Ce problème a aussi une infinité de solutions ; car tous les points de la ligne C E, correspondant à la partie E D, satisferaient à la question.

Exercices. — Dessiner un assemblage de charpente, *fig* I : (1)

Pour dessiner cette figure, il faut diviser la sablière A B en parties égales ; élever les perpendiculaires selon l'épaisseur et la distance des poteaux. Les poteaux C C des extrémités se nomment poteaux corniers ; ceux E E qui forment la baie H de la porte, poteaux d'huisserie.

L'équerre ordinaire, *fig*. II :

Pour dessiner cette figure, il faut tirer le côté A C ; élever la perpendiculaire A B, et mener l'hypoténuse B C.

Celle à angle de porte et de croisée, *fig*. III :

Les côtés A B, A C se dessinent comme ceux de la figure précédente ; ensuite on leur mène des parallèles selon la largeur D qu'on veut donner au fer.

Figurer l'alignement d'une route, *fig*. IV :

On dessine cette figure en élevant sur une base A B des verticales également espacées qu'on nomme jalons.

_____

(1) Les figures de Dessin linéaire commencent à la planche trente-sixième.

CHAPITRE IV.

DES PARALLÈLES ET DE LA MANIÈRE DE LES TRACER.

* **49.** QU'APPELLE-t-ON *lignes parallèles ?*

Ce sont celles qui sont partout également éloignées d'une autre ligne de même espèce : telles sont C D, EF, *fig.* 12, à l'égard de AB ; et G H, I L, *fig.* 13, à l'égard de M N.

* **50.** *Que faut-il faire pour mener une parallèle à une ligne droite ?*

Il faut d'un point E, *fig.* 14, pris sur la ligne donnée AB, et d'une ouverture de compas arbitraire, décrire une demi-circonférence A C D B ; prendre une grandeur quelconque A C sur la demi-circonférence, et la porter de B en D : la droite qui passera par les points C et D sera la parallèle demandée.

Ceci est clair : les arcs compris entre les deux droites étant égaux, il s'ensuit nécessairement que les deux droites A B, C D sont partout à une égale distance l'une de l'autre.

* **51.** *Et si l'un des points D par où il faut que la parallèle passe est donné ?*

Il faut faire passer la demi-circonférence par le point donné D ; prendre la grandeur de l'arc intercepté entre le point D et la ligne A B, la porter de A en C : la droite qui passera par les points C et D, sera la parallèle demandée.

* **52.** *Comment mène-t-on une parallèle à un arc* A B, *fig.* 15, *dont on connaît le centre ?*

En décrivant du centre M un autre arc d'un rayon plus grand ou plus petit que celui de l'arc donné.

53. *Comment mène-t-on des parallèles à une ligne par le moyen de l'équerre ?*

On place l'un des côtés droits de l'équerre le long

de cette ligne, et on fixe une règle qui s'ajuste à l'autre côté ; toutes les lignes qu'on tirera en faisant glisser l'équerre le long de la règle, seront parallèles à la ligne donnée.

Exercices. — Dessiner un pilastre avec son chapiteau et ses écharpes, soutenant une poutre, *fig.* V :

Le dessin de cette figure consiste à mener des lignes verticales, horizontales et obliques, selon l'épaisseur du pilastre A, de la poutre B, du chapiteau C, et des écharpes D.

Dessiner un chambranle, *fig.* VI :

Pour dessiner cette figure, il faut prendre une barre A, de la largeur de la porte, lui élever des perpendiculaires B B d'une hauteur presque double de la largeur de la porte, et les couronner par la traverse C qui doit être assemblée à onglet D (1).

Dessiner les lames d'une jalousie, *fig.* VII :

Cette figure est composée de parallèles équidistantes, disposées de deux en deux pour distinguer la largeur des lames ; les lignes A, B et C qui les coupent désignent les rubans ou tresses, la planche G qui couronne la jalousie se nomme tête, et celle D, à laquelle sont attachés les rubans, les cordons E et les tourillons H, se nomme mouvante.

Dessiner une estrade, *fig.* VIII :

Cette figure se construit en menant des parallèles à la base A B, d'autant plus courtes qu'elles s'en éloignent davantage. La saillie C des marches est déterminée par des perpendiculaires qui se rapprochent à mesure qu'elles s'éloignent de la base.

_____

(1) Dans le dessin linéaire, les ombres se désignent par des traits plus forts. Le jour étant supposé venir de 45 degrés de gauche à droite, on forcera les traits qui déterminent la droite des parties saillantes lorsqu'elles formeront avec l'horizon des angles de plus de 45° ; dans le cas contraire, on forcera les traits à gauche.

CHAPITRE V.

DIVISION DES LIGNES.

* **54.** Que *faut-il faire pour partager une droite en deux parties égales?*

Décrire de ses extrémités E et F, *fig.* 16, des arcs de même rayon qui se coupent en A et en B; joindre les points d'intersection par la ligne A B : cette droite partage la ligne donnée en deux parties égales, et lui est perpendiculaire (N° 38).

55. *Comment la divise-t-on en quatre parties égales?*

On opère sur chacune des parties E I, I F comme sur la ligne totale.

56. *Comment nomme-t-on les parties* E H, H I, I J *et* J F *de division d'une ligne?*

On les nomme segmens, et les points H, J, etc., où la ligne est divisée, se nomment points de section.

* **57.** *Que faut-il faire pour diviser une droite en autant de parties égales que l'on veut, par exemple* V R, *fig.* 17, *en cinq parties?*

Tirer une droite indéfinie A B; marquer dessus autant de parties égales, prises arbitrairement, que la question exige; prendre leur longueur totale A B, et de cette ouverture de compas et des points A et B, décrire des arcs qui se coupent en D; joindre par des droites le point d'intersection D à tous les points de section de la ligne A B; prendre ensuite la longueur de la ligne donnée, et la porter de D en G, et de D en H, et joindre les points G et H : les segmens de cette dernière ligne sont égaux au cinquième de la droite donnée.

On pourrait encore opérer de cette manière : porter arbitrairement cinq parties sur une ligne A X, *fig.* 45, faire avec cette ligne et la ligne donnée un angle quelconque **X A Z** ; joindre l'extrémité **F** à la cinquième division **L** , et mener les parallèles **E K** , **D J** , etc. : la ligne **A E** sera divisée en cinq parties égales. On opèrerait de même pour toute autre division.

* **58.** *Comment partage-t-on la courbe en deux parties égales ?*

En décrivant de ses extrémités A et B , *fig.* 18 , des arcs qui se coupent en C et en D : la droite qui joint les deux points d'intersection C et D , divise la courbe en deux parties égales.

* **59.** *Que faut-il faire pour la partager en quatre parties égales ?*

Opérer sur les parties **A E** , **E B** , comme sur la ligne totale.

Exercices. — Dessiner les parties des planchers raccordés , *fig.* IX et X :

Le premier représente un plancher à frise , le second est dit point de Hongrie. Pour les dessiner, il faut prendre une base **A B** , élever des perpendiculaires à ses extrémités, les diviser en parties égales, et mener les lignes parallèles qui représentent les joints des planches ; celles de la figure X sont coupées à onglet. Les pièces **C C** sur lesquelles portent les extrémités des planches , *fig.* IX, se nomment lambourdes.

L'échelle, *fig.* XI :

Les montans **A B** doivent aller un peu en convergeant , et les échelons être placés à égales distances, être assemblés à mortaises et tenons chevillés.

La cheminée, *fig.* XII :

Les côtés ou jambages A doivent être tracés verticalement ; la traverse B ainsi que la tablette C sont représentées par des lignes horizontales ; les parties D D se nomment les socles ou plinthes ; les côtés E et le devant G sont évasés ; le fond H est vu de face.

La grille, *fig.* XIII :

On trace d'abord les encadrements A B C D , ensuite on joint par des lignes droites les angles opposés de l'encadrement intérieur, ainsi que les points du milieu de chaque traverse. A l'intersection des barreaux se trouvent des boutons, qui peuvent être en cuivre doré. La barre d'appui A doit être couronnée par une petite moulure.

Le cintre d'une croisée, *fig*. XIV :

Cette figure est composée de neuf parties représentant des pierres de taille : celle B du sommet se nomme la clef de la voûte : les joints sont déterminés par des rayons menés du centre A, et les extrémités par les cordes sous-tendant les arcs d'une circonférence passant par les angles C.

Le décimètre, *fig*. XV :

Le côté A B de cette figure représente le décimètre dans sa grandeur naturelle : les distances A E, etc., sont les centimètres, et les petites lés millimètres. La partie C D contient trois pouces divisés en lignes.

CHAPITRE VI.

DES ANGLES.

SECTION PREMIÈRE.

Des Angles, de leur mesure et de la manière de déterminer leur valeur.

* 60. Qu'est-ce *qu'un angle ?*

C'est l'ouverture plus ou moins grande de deux lignes A B, A C, *fig* 19, qui se rencontrent en un point qu'on appelle sommet.

* 61. *Comment nomme-t-on les angles par rapport à leurs côtés ?*

On nomme angle rectiligne celui qui est formé par deux lignes droites, *fig*. 19 ; curviligne celui qui est formé par deux lignes courbes , *fig*. 20 et 21 , et mixtiligne celui qui est formé par une droite et une courbe, *fig*. 22 et 23.

* 62. *Comment désigne-t-on les angles ?*

Quand un angle est seul, on se contente de nommer la lettre du sommet ; ainsi, en disant l'angle A, je désigne la *fig*. 19. Mais si plusieurs angles ont leur sommet au même point, il faut nommer les trois lettres qui sont affectées à chacun d'eux, ayant soin de placer celle du sommet la deuxième.

* 63. *Quelle est la mesure d'un angle ?*

C'est le nombre de degrés et parties de degré de l'arc compris entre ses côtés , et décrit de son sommet comme centre : ainsi le nombre de degrés de l'arc D B compris entre les côtés de l'angle D C B , *fig*. 24 , est la mesure de cet angle. En conséquence , l'angle A C D, *fig*. 25, a 90 degrés pour mesure , parce qu'il embrasse le quart de la circonférence ; B C D en a 70 ; E C D en a 20 , etc.

* 64. *Comment appelle-t-on les angles par rapport à leur nombre de degrés ?*

On appelle angle droit celui qui a 90 degrés , ou le quart de la circonférence , tel est A C B, *fig*. 24 ; obtus, celui qui a plus de 90 degrés B C E , et aigu celui qui a moins de 90 degrés B C D.

* 65. *De quoi se sert-on pour déterminer la valeur des angles ?*

D'un demi-cercle partagé en 180 degrés , qu'on nomme rapporteur ; *fig*. 25.

* 66. *Comment se sert-on du rapporteur pour déterminer la valeur d'un angle ?*

On place son centre C sur le sommet de l'angle qu'on veut mesurer, et son diamètre sur l'un des côtés, et la division à laquelle répond l'autre côté de l'angle détermine sa valeur.

67. *Qu'appelle-t-on complément d'un angle ?*

C'est ce qui lui manque pour former un angle droit: ainsi l'angle A C D, *fig.* 24, est le complément de l'angle D C B, et réciproquement.

68. *Qu'appelle-t-on supplément d'un angle?*

C'est ce qui lui manque pour égaler deux angles droits : ainsi l'angle D C B est supplément de l'angle B C E ; l'angle E C H est aussi complément du même angle B C E.

69. *Quelle conséquence tirez-vous de là ?*

C'est que deux angles opposés au sommet sont égaux ; car les angles D C B et E C H, *fig.* 24, ne peuvent être l'un et l'autre supplémens de l'angle B C E sans être égaux entre eux ; or ils sont opposés au sommet: donc les angles opposés au sommet sont égaux.

70. *Quelles sont les propriétés de deux lignes parallèles coupées obliquement par une sécante?*

Les angles A, B, C, D, *fig.* 26, sont égaux entre eux, ainsi que les angles E, F, G, H ; car A et B sont opposés au sommet ainsi que C et D, et les lignes étant parallèles, la sécante qui les coupe doit être également inclinée à l'égard de l'une et de l'autre : donc les angles C et D sont égaux aux angles A et B. On prouverait de la même manière l'égalité des angles E, F, G, H.

Exercices. — Tracer des angles, et en déterminer la valeur avec le rapporteur.

SECTION II.

Manière de copier les Angles et de les diviser.

71. QUE *faut-il faire pour tracer, sur une ligne donnée, un angle égal à un autre, par exemple sur la ligne A B, fig.* 27, *un angle égal à* P, *fig.* 28?

Il faut de son extrémité A, et d'une ouverture de compas arbitraire, décrire un arc C D ; de la même ouverture de compas en décrire un autre G E, à partir de l'angle P ; prendre sa grandeur E G et la porter de C en D, *fig.* 27 , tirer la ligne A I , et on aura l'angle demandé ; d'après ce principe, il est aisé de comparer deux angles et de déterminer leur valeur respective et leur différence.

* 72. *Comment partage-t-on un angle en deux parties égales ?*

On décrit de son sommet un arc quelconque D E, *fig.* 29 ; des points D et E , on décrit d'autres arcs qui se coupent en F ; on tire ensuite la ligne A F, et l'angle est divisé en deux parties égales.

* 73. *Et si l'on ne peut atteindre le sommet comme celui de l'angle, fig.* 30 ?

Il faut tirer une ligne quelconque E F ; partager en deux parties égales les quatre angles dont les sommets sont en F et en E : la droite qui passe par les points d'intersection G et H des lignes de division , partage l'angle en deux parties égales.

Exercices. — Faire un angle de 135 degrés, un de 90 , un de 45 et un de 22 degrés 30 minutes :

Le premier de ces angles est composé des trois huitièmes de la circonférence , le second du quart , etc.

Dessiner un châssis à œil-de-bœuf, *fig.* XVI :

Pour dessiner cette figure, il faut diviser la circonférence A en six parties égales , en portant six fois une ouverture de compas égale au rayon , autour de la circonférence, à partir d'un point quelconque A ; ensuite on dessine les petits bois B. Le cercle du milieu doit avoir une circonférence suffisante pour recevoir l'assemblage des petits bois.

SECTION III.

Mesure des angles considérés dans le cercle, lorsque le sommet n'est pas au centre.

74. QUELLE *est la mesure d'un angle qui a son sommet en un point quelconque* A, *fig.* 31, *d'une circonférence ?*

C'est la moitié de l'arc B D compris entre ses côtés. Car si l'on mène par le centre C, *fig.* 31, la ligne F E parallèle à A D, les angles B A D et B C F seront égaux : or, l'angle B C F, ayant son sommet au centre, a pour mesure l'arc B F ; mais B F est égal à E A, puisque ces deux arcs sont la mesure de deux angles égaux, et E A est égal à F D, étant des arcs de même rayon compris entre des parallèles : donc B F est égal à F D. On peut donc dire que l'angle B C F a pour mesure la moitié de l'arc B F D, ou B F : donc l'angle B A D, qui lui est égal, a la même mesure. Pareillement l'angle B A D, *fig.* 32, a pour mesure la moitié de l'arc B F D ; car si l'on mène A F par le centre, on a deux angles B A F et F A D, le premier a la moitié de B F pour mesure, et le second la moitié de D F ainsi qu'on vient de le voir : donc l'angle total B A D a pour mesure la moitié de B F, plus la moitié de D F, c'est-à-dire la moitié de B F D.

75. *Quelles conséquences tirez-vous de cette démonstration ?*

1° Que tous les angles A, B, C, *fig.* 33, qui ont leur sommet à la circonférence et embrassent le même arc O P, sont égaux ;

2° Qu'un angle quelconque qui a son sommet A à la circonférence, *fig.* 34, a ses côtés perpendiculaires l'un à l'autre, lorsqu'ils passent aux extrémités C D du diamètre du cercle, parce qu'alors l'angle a pour mesure la moitié d'un arc de 180 degrés.

76. *Quelle utilité peut-on tirer de cette connaissance ?*

1º Que pour élever une perpendiculaire à l'extrémité d'une droite quelconque A B, *fig.* 35, qu'on ne peut prolonger, il faut placer la pointe à tracer du compas en B, et l'autre en un point quelconque D, au-dessus de la ligne donnée, et décrire une circonférence F B E; du point F tirer le diamètre F E, et le point E où il aboutit à la circonférence indique le passage de la perpendiculaire B E;

2º Que pour trouver le diamètre d'un cercle dont on ne connaît pas le centre, il faut poser l'équerre sur ce cercle de manière que le sommet de l'angle droit soit en un point quelconque de la circonférence, et marquer les points de cette même circonférence, qui répondent aux côtés de l'équerre: la droite qu'on tirera de l'un à l'autre sera le diamètre demandé.

77. *Quelle est la mesure d'un angle qui a son sommet en un point quelconque A, fig. 36, entre le centre du cercle et la circonférence?*

C'est la moitié de l'arc B C compris entre ses côtés, plus la moitié de l'arc D E, compris entre leurs prolongemens. Car si, de l'extrémité D du prolongement, on mène D I parallèle à A B, l'angle D, qui a pour mesure la moitié de l'arc I B C, est égal à l'angle A: donc l'angle A a pour mesure la moitié de B C, plus la moitié de B I; mais B I est égal à D E, ces deux arcs étant compris entre deux parallèles: donc B A C a pour mesure la moitié de B C, plus la moitié de D E.

CHAPITRE VII.

DÉTERMINATION DES LIGNES COURBES.

78. QUAND *est-ce que la courbe est indéterminée?*

C'est quand on ne connaît qu'un ou deux points par où elle doit passer, parce qu'alors on peut décrire de plusieurs centres des courbes qui passent par le ou les deux points connus : c'est ce que nous éclaircirons par un problème, après avoir démontré la proposition suivante.

* 79. *Quelle est la propriété d'une perpendiculaire* C D, *fig.* 37, *élevée sur le milieu d'une corde* A B *d'un cercle ?*

C'est que cette perpendiculaire passe par le centre du cercle. Ceci est évident, les extrémités de la corde étant deux points de la circonférence, sont nécessairement à une égale distance du centre ; or, tous les points de la perpendiculaire, pris en particulier, sont à une égale distance des extrémités A et B de la corde : donc la perpendiculaire passe dans le centre ; mais il n'est pas déterminé.

* 80. *Que nous fournit cette démonstration ?*

Le moyen de faire passer plusieurs arcs de cercles par deux points donnés, par exemple par les points A et B, *fig.* 37. Pour cela il n'y a qu'à les joindre par une droite A B ; la couper au milieu par une perpendiculaire C D ; d'un point quelconque E pris sur la perpendiculaire, et d'une ouverture de compas égale à la distance de ce point à l'un des points donnés A, décrire l'arc F G ; d'un autre point arbitraire H décrire l'arc I J, etc. On voit par là, que de tous les autres points de la perpendiculaire on pourrait décrire des arcs qui satisferaient également à la demande : c'est dans ce cas que la courbe est indéterminée.

* 81. *Quand est-ce qu'une courbe est déterminée ?*

1° Lorsqu'on connaît trois points par où elle doit passer, ces trois points ne pouvant avoir qu'un centre commun ;

2° Lorsqu'on connaît son rayon et deux points par où elle doit passer ;

3° Lorsqu'on connaît son centre, et un point par où elle doit passer.

* 82. *Où se fait l'intersection de deux perpendiculaires* D I *et* E I, *élevées sur le milieu de deux cordes* A B, B C, *fig.* 38 ?

Au centre du cercle. Ceci est évident; car le point I de la perpendiculaire I D est à une égale distance de B et de C ; et si nous le prenons sur la perpendiculaire I E , il est aussi à une même distance de A comme de B (N° 79); ainsi ces trois points A , B , C sont à une égale distance de l'intersection I : donc il est leur centre , et par conséquent celui de la circonférence qui passera par ces trois points.

* 83. *Quelle conséquence tirez-vous de là ?*

Que pour faire passer une circonférence par trois points donnés A , B , C , *fig*. 38, pourvu qu'ils ne soient pas en ligne droite , il faut joindre les trois points par deux droites A B , B C , et élever une perpendiculaire sur le milieu de chacune d'elles , et le point d'intersection I en sera le centre. S'il s'agissait de trouver le centre d'un cercle ou d'une partie de circonférence , on marquerait trois points dessus , et ayant tiré des cordes de l'un à l'autre , on opèrerait de la même manière.

Exercices. — Dessiner le croissant , *fig*. XVII :

Cette figure est composée de deux arcs passant par des points communs A et B et décrits de deux centres pris sur une ligne perpendiculaire à la droite qui joindrait les points A et B.

Les poulies , *fig*. XVIII et XIX :

La première est représentée par un cercle ; il doit être assez épais pour recevoir une gorge évasée. La chape D est composée de deux lignes droites terminées par des arcs de différens rayons ; elle est portée par un boulon ou essieu sur lequel tourne le rouet A B C.

La figure XIX représente une poulie vue sur champ, emboîtée dans une chape en bois.

Les moufles , *fig*. XX :

On appelle moufles une suite de poulies portées sur deux chapes différentes ; l'une A est mobile , et l'autre B est immobile. Ces poulies doivent diminuer de rayon à mesure qu'elles approchent du centre, afin d'éviter

la rencontre des cordes et le frottement, ce qui aug-
menterait la résistance.

Le treillis, *fig.* XXI :

Après avoir dessiné l'encadrement, on décrit les
arcs qui doivent être entrelacés, leurs centres sont
dans le prolongement des côtés ; ensuite on tire les traverses du milieu, destinées à assujettir les cintres des
arcs.

La grille à balcon, *fig.* XXII :

La largeur des parties destinées à recevoir les arcs
tangens doit être le tiers de la hauteur ; on divisera le
reste de l'encadrement selon le modèle, et ayant décrit
la rosette du milieu, on décrira les arcs et on tirera
les droites de l'intérieur.

CHAPITRE VIII.

DU CONTACT DES TANGENTES.

* 84. COMMENT *nomme-t-on le point où la tangente touche la circonférence ?*

Point de contact : ce point est à l'endroit de la droite
où tombe le rayon qu'on lui mène perpendiculairement. Ceci est clair, le contact ne pouvant avoir lieu
qu'en un seul point, il doit être nécessairement à
l'endroit de la droite le plus près du centre du cercle :
or, le point d'une droite le plus près d'un autre, pris
hors de cette ligne, est celui où tombe la perpendiculaire menée de ce point à la ligne (N° 42.)

* 85. *Quelle est la méthode générale pour déterminer le point de contact d'une tangente ?*

C'est de joindre au centre du cercle, par une
droite A B, *fig.* 39, l'un quelconque A des points de
la tangente ; du milieu de cette droite, et d'un rayon

égal à D A, décrire une circonférence, et l'endroit I, où elle coupe la tangente, est le point de contact : car le rayon qu'on mène à ce point est perpendiculaire à la tangente, puisqu'il forme avec elle un angle droit ayant pour mesure la moitié de la demi-circonférence A C B.

* 86. *Comment détermine-t-on les points de contact de deux tangentes qui se rencontrent en un point ?*

On joint au centre du cercle, par une droite, le point C, *fig.* 40, où les tangentes se rencontrent ; on décrit du milieu D de cette ligne une circonférence qui passe par le centre du cercle, et on a les points A et B pour les contacts des tangentes, car les rayons M A, M B qu'on a menés à ces points, forment avec les tangentes des angles droits, puisqu'ils embrassent le diamètre C M : donc les rayons sont perpendiculaires aux tangentes.

* 87. *Que faut-il faire pour décrire une circonférence ; tangente à une droite en un point donné, et qui passe par un autre point désigné, fig. 41 ?*

Il faut mener une perpendiculaire à la ligne donnée A B, au point C où l'on veut que touche la circonférence ; joindre le point C au point désigné D ; abaisser une perpendiculaire sur le milieu de la droite C D, et le point E sera le centre de la circonférence : car la ligne E I étant perpendiculaire à la corde et la coupant en deux parties égales, doit nécessairement passer par le centre ; le rayon C E étant aussi perpendiculaire à la tangente, doit aussi passer par le centre, lequel ne peut être qu'au point de rencontre.

* 88. *Où se trouve le point de contact de deux cercles ?*

Dans la direction de leurs centres.

* 89. *Que concluez-vous de là ?*

Que si les cercles se touchent extérieurement, comme dans la *fig.* 42, le point A, où la droite qui joint les deux centres coupe les circonférences, est le

point de contact. S'ils se touchent intérieurement,
comme dans la *fig*. 43, le point B, où le rayon va
aboutir en passant par le centre du petit, est le point
demandé.

* 90. *Comment trouve-t-on le centre d'une circonférence qui doit en toucher une autre en un point
désigné, et passer par un point donné?*

Du centre M de la circonférence donnée, *fig*. 42,
et du point A désigné pour le contact, on tire une droite
indéfinie M I; on joint le point donné C au point A,
et on élève une perpendiculaire E F sur le milieu de
cette ligne: l'intersection D, que cette perpendiculaire
fait avec la droite M I, indique le centre de la circonférence.

* 91. *Que faut-il faire pour déterminer le centre
d'une circonférence qui doit passer en un point
donné dans un cercle, et être tangente à la circonférence de ce cercle en un point désigné, fig. 43 ?*

Tirer un rayon au point B désigné pour le contact;
joindre par une droite le point donné C au point B;
élever une perpendiculaire E F sur le milieu de C B,
et l'intersection D que cette perpendiculaire fait avec
le rayon A B, est le centre de la circonférence.

Exercices.— Dessiner les grilles à cercles tangens,
fig. XXIII et XXIV:

Pour dessiner la première, il faut d'abord tracer les
encadremens de manière que la longueur soit double
de la hauteur, ensuite décrire les arcs et les cercles.
Les centres sont tous sur une droite horizontale qui
partagerait les côtés en deux parties égales.

Pour la seconde, on commence par décrire les petits cercles à distances égales, ensuite les grands qui
leur doivent être tangens, et enfin on forme l'encadrement selon la grandeur des cercles. Si les cercles
ne devaient pas être tout à fait tangens, on les joindrait par un bouton.

CHAPITRE IX.

DES PROPORTIONS.

92. Qu'appelle-t-on *lignes proportionnelles ?*

Ce sont des lignes dont les longueurs comparées entre elles peuvent former une proportion.

93. *Quand est-ce que quatre lignes forment une proportion ?*

C'est lorsque le rapport de la première à la seconde est le même que celui de la troisième à la quatrième : par exemple, il existe un même rapport entre les lignes A et B, *fig.* 44, qu'entre C et D; c'est-à-dire que B est un tiers plus grand que A, comme D est un tiers plus grand que C, ce qu'on peut voir par les divisions ; elles forment par conséquent une proportion que l'on peut exprimer ainsi, A : B : : C : D.

94. *Donnez-en quelques autres exemples ?*

1° Si sur le côté AZ d'un angle quelconque ZAX, *fig.* 45, on marque des parties égales B, C, D, E, F, et que de la dernière division on mène L F à volonté, et qu'enfin, par les autres divisions, on mène E K, D J, etc., parallèles à F L, toutes les divisions du côté A X seront aussi égales entre elles, ce qui donnera cette suite de proportion, A B : A : H : B C : H I : : C D : I J : : D E : J K, etc.; A B : B H : : A C : C I : : A D : D J : : A E : E K, etc.

2° Deux droites AB, CD, *fig.* 46, qui se coupent d'une manière quelconque dans un cercle, le font proportionnellement, c'est-à-dire que les petits segmens C I, et A I sont entre eux dans la même proportion que les grands, en sorte qu'on peut dire C I : A I : : I B : I D ; ou bien A I : I C : : I D : I B, etc. Ceci est évident, car si du point I comme centre et d'un rayon égal à I C, on décrit l'arc C E, et d'un rayon égal à A I, l'arc A F, on aura I E égal à I C, et I F égal à I A, comme rayons de mêmes arcs ; si l'on joint ensuite les points E F et B D, on aura, à cause des parallèles E F, B D, les proportions suivantes, I E : I F : : I B : I D, ou bien, I F : I E : : I D : I B, etc., qui sont les mêmes que les précédentes.

3° Si du sommet d'un triangle équilatéral A B C, *fig.* 57 (N°s 124 et 126), construit sur le diamètre d'un cercle, on mène une droite A D à l'arc concave B D C, cet arc et le diamètre seront coupés en parties proportionnelles, et on aura B C : B D C : : C E : C D ; ou B E : B D : : C E : C D, ou encore B E : E C : : B D : C D.

95. *A quoi servent les proportions géométriques ?*

A découvrir la longueur d'une ligne inconnue par la connaissance des autres qui forment la proportion.

*96. *Que faut-il faire pour trouver une quatrième proportionnelle à trois lignes données* P, Q, R, *fig.* 47 ?

Tirer deux lignes A M, A N, qui forment un angle quelconque ; porter de A en B la longueur de la ligne P, et la longueur de Q, de B en C ; porter également la longueur de R, de A en D ; joindre B D par une droite, et par le point C mener C E parallèle à B D, qui détermine D E pour la quatrième proportionnelle demandée : en sorte qu'on peut dire, A B : B C : : A D : D E.

97. *Quel nom donne-t-on à la proportion, lorsque les deux termes du milieu sont égaux ?*

Elle prend le nom de proportion continue, et le quatrième terme se nomme troisième proportionnelle.

*98. *Que faut-il faire pour avoir une troisième proportionnelle, à deux lignes données* A *et* B, *fig.* 48 ?

Faire un angle arbitraire I E D ; porter la longueur A, de E en F, et la longueur B, de E en D ; porter aussi cette longueur B de E en G ; joindre les points F et G ; enfin par le point D mener D I parallèle à F G, et on aura E I pour la troisième proportionnelle demandée. En sorte qu'on peut dire, E F : E D : : E G : E I, et comme D E = E G, on peut dire aussi, E F : E D : : E D : E I.

* 99. *Que faut-il faire pour trouver une moyenne proportionnelle entre deux lignes données, P et Q, fig. 49 ?*

Tracer une ligne indéfinie A C ; prendre sur cette ligne une longueur A B égale à P, et une partie B C égale à Q ; sur A C, comme diamètre, décrire une demi-circonférence ; au point B élever une perpendiculaire B D , qui est la moyenne proportionnelle demandée : en sorte qu'on peut dire, A B : B D :: B D : B C.

* 100. *Que faut-il faire pour couper une ligne A B, fig. 50, en moyenne et extrême raison ?*

Il faut à l'une des extrémités de la ligne donnée, élever une perpendiculaire A D, égale à la moitié de la ligne A B ; joindre les points B et D par une droite ; du point D comme centre, et d'un rayon égal à A D, décrire une circonférence qui coupe en E la ligne B D ; enfin on porte B E de B en C, et la ligne A B est coupée en moyenne et extrême raison (1).

101. *Pourquoi dit-on que cette droite est coupée en moyenne et extrême raison ?*

Parce qu'elle est coupée en deux parties A C, B C, de manière à ce que l'une d'elles B C est moyenne proportionnelle entre la ligne entière A B et la partie A C : en sorte qu'on peut dire, A C : B C :: B C : A B, où A B : B C :: B C : A C.

Exercices. — Dessiner une croisée de six carreaux, dont les côtés de la croisée soient dans les rapports de A à B, *fig.* XXV :

Il faut tirer une ligne double ou triple de A, lui élever une perpendiculaire ayant les mêmes proportions à l'égard de B, former le dormant A B C D et les bâtis E ; faire les trois divisions de la hauteur, les deux de base, et figurer le reste de la croisée.

_____

(1) Toutes ces opérations pourraient se faire par le moyen du compas de proportion, ainsi que la division de la ligne en parties fractionnaires, pag. 161.

DESSIN LINÉAIRE.

CHAPITRE X.

DIVISION DE LA CIRCONFÉRENCE DU CERCLE.

* 102. COMMENT *partage-t-on la circonférence en deux parties égales?*

On la coupe par un diamètre A M ou B N, *fig.* 51.

* 103. *Comment la partage-t-on en trois, en six et en douze parties égales, fig.* 51 ?

En portant sur la circonférence une ouverture de compas égale au rayon du cercle, on a le sixième ; deux de ces parties prises ensemble en sont le tiers, et chacune des premières, partagée en deux, en est le douzième. On aurait encore la douzième partie en portant la longueur du rayon de A en D et de B en C, et ainsi de suite pour les autres parties de la circonférence.

104. *Sur quoi fondez-vous ce principe?*

Sur l'égalité du rayon d'un cercle quelconque, à la longueur de la corde d'un arc de 60 degrés du même cercle.

* 105. *Comment partage-t-on la circonférence en sept, en quatorze et en quinze parties égales?*

Après avoir tiré le rayon L F, *fig.* 52, on porte sa longueur de F en A et en E, on tire A E, et la moitié A I de la corde A E sera celle de la division en sept parties. Pour avoir quatorze divisions, prenez la moitié de ces dernières. Pour la partager en quinze, il faut, de l'extrémité F de l'un des diamètres, décrire l'arc B C, et la partie C L du rayon sera la réponse.

Cette division en quinze donne des arcs de 24 degrés ; ses subdivisions sont de 12, de 6 et de 3 degrés : le tiers de ce dernier donne l'arc d'un degré.

* 106. *Que faut-il faire pour partager la circonfé-*

rence en cinq, huit, dix, onze et seize parties
égales?

La couper d'abord en quatre parties égales par deux
diamètres A B, C D, *fig.* 53, croisés perpendiculairement ; du point B, et d'un rayon égal à celui du
cercle, couper la circonférence en I, et du point D la
couper en G ; du point L décrire l'arc G E F ; ensuite
tirer la droite E D, et l'on a E D pour la corde de la
cinquième partie de la circonférence, la distance E F
pour la corde de la huitième, E J pour celle de la
dixième, E G pour celle de la onzième, et E A pour
celle de la seizième.

La division en cinq parties sert à faire une figure
étoilée, *fig.* 56.

107. *Que faut-il faire pour la couper en neuf,
en treize, en dix-neuf et en vingt parties égales ?*

La couper en quatre parties égales par deux diamètres A B, G D, *fig.* 54, croisés perpendiculairement,
et dont l'un d'eux G D est prolongé ; de l'extrémité A
du diamètre A B, et d'un rayon égal à celui du cercle,
couper la circonférence en E ; de l'autre extrémité B,
décrire l'arc E C qui vient couper le prolongement du
diamètre G D ; du point C décrire les arcs E F, A H,
et on aura H D pour la corde de la neuvième partie de
la circonférence, et I H pour celle de la dix-neuvième.
Si du point D on décrit l'arc B L, et de L l'arc B J,
on aura L I pour la corde de la treizième partie, et
J H pour celle de la vingtième.

108. *Comment la partage-t-on en dix-sept parties égales ?*

On tire un diamètre A B prolongé, *fig.* 55 ; on lui
mène le rayon C D perpendiculairement ; du point B, et
d'un rayon égal à celui du cercle, on coupe la circonférence en E ; du milieu I du rayon C D, on décrit
l'arc E L, et on a B L pour la corde de la dix-septième
partie de la circonférence.

109. *Comment pourrait-on diviser la circonférence en un nombre quelconque de parties égales,*

par exemple la circonférence, fig. 57, en sept parties égales ?

Il faut diviser le diamètre en autant de parties égales que la circonférence doit en avoir ; des points B et C, et d'une ouverture de compas égale au diamètre B C, décrire des arcs qui se coupent en A ; mener A D passant par la seconde division E du diamètre, et on aura B D pour la septième partie de la circonférence donnée (N° 94, 3°).

S'il s'agissait d'opérer sur un cercle fort petit, comme serait le cercle H, *fig.* 58, ou d'obtenir un grand nombre de divisions, neuf par exemple ; on tirerait une ligne indéfinie B C, sur laquelle on porterait autant de parties égales que la circonférence donnée doit en avoir ; de cette longueur totale on décrirait la circonférence B C D, et on opérerait dessus comme il vient d'être dit pour la figure précédente ; ayant-obtenu la partie C D, on tirerait le rayon D J, et décrivant au centre le cercle donné, la partie I L serait la réponse. C'est ainsi qu'on diviserait la circonférence en tous ses degrés.

* 110. *Comment peut-on diviser un arc quelconque* B C D, *fig.* 59, *en autant de parties égales que l'on veut, par exemple en neuf?*

Il faut joindre le centre I à l'une des extrémités C de l'arc donné par le rayon I C, le prolonger d'une longueur égale afin d'avoir le diamètre ; des extrémités G et C, et d'une ouverture de compas égale à la longueur de ce diamètre G C, décrire des arcs qui se coupent en A ; ensuite tirer, par le point A et l'extrémité B de l'arc, la ligne A B ; diviser la partie C L du diamètre, interceptée entre la ligne A B et le point C, en autant de parties égales que l'arc doit en avoir ; tirer A D passant par la première division E, la corde C D donne la réponse. On pourrait aussi tirer les lignes de divisions par les points déterminés sur le diamètre.

Si l'arc était plus long que la moitié de la circonférence, on le partagerait en deux parties égales, et ayant opéré sur l'une de ces parties , comme si elle était donnée seule , deux de ces divisions donneraient la réponse.

Exercices. — Dessiner un cadran d'horloge d'un rayon donné , *fig.* XXVI :

Après avoir décrit quatre circonférences concentriques , on divise l'espace compris entre les deux inférieures en douze parties pour les heures , et chaque division d'heure en deux pour les demies ; les minutes se marquent entre les deux moyennes.

La rose des vents , *fig.* XXVII :

Les quatre principales pointes désignent les rhumbs principaux ou points cardinaux , *sud*, *nord*, *est* et *ouest* ; les quatre collatéraux , *sud-est*, *nord-est*, *sud-ouest* et *nord-ouest*, sont désignés par les points E , F , G , etc. Pour la construire , il faut décrire plusieurs circonférences , et mener les lignes indiquées par les points de divisions.

Une roue hydraulique , *fig.* XXVIII :

Pour dessiner cette figure , on décrit plusieurs circonférences concentriques ; les auges A sont formées par un plan brisé et par des planches de forme circulaire appliquées sur les côtés de la roue.

Des engrenages , *fig.* XXIX :

Pour tracer les engrenages , il faut diviser les roues en parties parfaitement égales , afin que les dents se correspondent et s'entrelacent avec facilité ; elles doivent avoir suffisamment de jeu pour ne pas gêner le mouvement.

Un rapporteur d'un décimètre de rayon :

Pour la longueur du rayon , prenez A B, *fig.* XV ; et pour la division , *voyez fig.* 25.

CHAPITRE XI.

DE L'ÉCHELLE DE PROPORTION.

*111. DE *quoi se sert-on pour établir un rapport entre des lignes d'une grande dimension et d'autres plus courtes ?*

De l'échelle de proportion.

* 112. *Qu'est-ce que l'échelle de proportion ?*

C'est une ligne AD , *fig.* 60, divisée en parties égales dont chacune représente telle longueur qu'on veut lui attribuer : en sorte que la figure qui représente l'objet est en même proportion avec cette échelle, que l'objet lui-même l'est avec sa mesure réelle.

113. *Donnez quelques exemples sur son usage ?*

Pour prendre sur cette échelle tel nombre que l'on voudra au-dessous de dix, il n'y a qu'à placer la pointe du compas sur le point B, et l'ouvrir jusqu'à la division qui exprime le nombre qu'on veut prendre. Si ce nombre était au-dessus de dix, vingt-six par exemple, on placerait une pointe de compas sur D, qui représente la seconde dizaine de l'échelle, et on ouvrirait l'autre jusqu'à la sixième division de la partie A B ; si l'on en voulait vingt-huit, on l'ouvrirait jusqu'à la huitième, etc.

* 114. *N'y a-t-il pas une échelle plus exacte ?*

Celle que représente la figure 61, qu'on nomme échelle décimale, offre beaucoup plus de précision. Son inspection seule faisant assez voir comment elle se construit, nous nous contenterons de dire quelque chose sur son usage. Chaque division des lignes AB et C D peut être considérée sous deux rapports, ou comme une simple unité , soit mètre ou pied , ou comme contenant dix de ces unités : dans le premier cas, les petites parties 1 E , 2 G , 3 H , etc., seront des dixièmes de cette unité. Si l'on voulait prendre sur cette échelle, par exemple 6 mètres , on porterait le compas de D vers C sur la sixième division, c'est-à-dire sur 60, considéré alors comme 6 mètres. Si l'on voulait 6 mètres 5 décimètres, on le porterait de J en I, l'écartement de la transversale 60 I K, donnerait en I les 5 décimètres. S'il s'agissait de prendre 12 mètres, on porterait le compas de M en 20. Si l'on voulait 16 mètres 50 centimètres, on le porterait de P en I... Dans le second cas, les petites parties 1 E, 2 G, 3 H, etc., de l'échelle, marqueraient des unités principales, et la première opération que l'on vient de faire donnerait 60 mètres, et la seconde 65. Si l'on avait 130 mètres à prendre, on mettrait le compas de M en 30 ; si l'on voulait 165, on le porterait de P en I. On conçoit que, dans le second cas, le plan représenterait l'objet cent fois plus petit que dans le premier, les côtés étant dix fois plus courts.

Exercices. — Dessiner une échelle décimale de 3 mètres :

La figure 61 doit servir de modèle à cet exercice, mais il faut prendre le centimètre pour la longueur des divisions C D, D M, etc. Les transversales seront espacées d'un millimètre.

Dessiner une porte unie dont les côtés perpendiculaires, pris sur l'échelle ci-dessus, soient entre eux comme 4 est à 7 :

Pour construire cette figure, il faut prendre autant de fois sept parties de l'échelle pour la hauteur qu'on a pris de fois quatre pour la base ; ensuite il ne s'agit plus que de former l'encadrement et de donner aux emboîtures la largeur convenable.

Dessiner une croisée à un vantail dont les côtés soient entre eux comme 5 est à 9 :

Les observations pour la construction de l'encadrement ou bâti de cette figure, sont analogues à celles qui regardent la figure précédente ; ensuite il ne s'agira plus que de faire les divisions pour représenter les petits bois.

2.

Dessiner un devant de boutique sur une échelle donnée, *fig.* XXX :

La forme de cette devanture est très-élégante ; sa construction est facile ; les croisées sont composées de huit carreaux; les châssis sont séparés par une colonne demi-saillante qui sert d'appui aux arcs qui forment le cintre des carreaux supérieurs ; le soubassement C est en panneaux taillés à pointe de diamant, et la frise A B est destinée à recevoir l'enseigne.

Remarques.

Les assemblages se font à tenon et à mortaise. Lorsque le tenon est rond on le nomme tourillon ; le ressaut que laisse le bois enlevé pour former le tenon se nomme arasement. L'épaulement est l'épaisseur comprise entre les mortaises ou l'extrémité du bois. Dans les assemblages carrés , les arasemens sont égaux ; les assemblages à enfourchement n'ont pas d'épaulemens : ils sont à l'extrémité des pièces ; les assemblages des pièces à moulures doivent être d'onglet, au moins à la largeur de l'ornement. Les assemblages à demi-bois sont les plus faciles mais les moins solides. Lorsque le tenon et l'entaille sont évasés , l'assemblage est dit à queue d'aronde. Les assemblages droits se font à feuilles simples ou rainures et à languettes. Pour rallonger des pièces, on les entaille à demi-bois , en y réservant des rainures et des languettes ; on retient les pièces à l'aide des chevilles et de la colle. La rallonge B à trait et clef, *fig.* LXXII, est très-solide ; elle se nomme trait de Jupiter.

CHAPITRE XII.

DES SURFACES EN GÉNÉRAL.

* 115. Qu'appelle-t-on *surfaces ou surperficies* ?

Ce sont des espaces renfermés par des lignes. On en distingue de trois sortes : les planes, les concaves et les convexes.

* 116. *Qu'appelle-t-on surfaces planes* ?

Ce sont celles sur lesquelles on peut appliquer en tout sens une règle bien droite.

* 117. *Qu'est-ce qu'une surface concave* ?

C'est celle d'un objet creux, comme l'intérieur d'un timbre de pendule.

* 118. *Qu'appelle-t-on surface convexe* ?

C'est la superficie extérieure d'un objet relevé en bosse comme l'extérieur d'un timbre.

* 119. *Comment nomme-t-on les surfaces déterminées par des lignes droites* ?

On les nomme polygones rectilignes.

* 120. *Et celles qui sont renfermées par des lignes courbes* ?

Polygones curvilignes.

* 121. *Combien y a-t-il de sortes de polygones* ?

De deux sortes, les réguliers et les irréguliers.

* 122. *Qu'est-ce qu'un polygone régulier* ?

C'est celui qui a tous ses côtés et tous ses angles égaux.

* 123. *Qu'est-ce qu'un polygone irrégulier* ?

C'est celui dont les côtés et les angles sont inégaux.

CHAPITRE XIII.

DES TRIANGLES.

SECTION PREMIÈRE.

Des Triangles en général et de la valeur de leurs Angles.

* 124. Qu'est-ce *qu'un triangle ?*

C'est un espace compris entre trois lignes formant trois angles, *fig.* 62, 63 , etc.

* 125. *Combien distingue-t-on de sortes de triangles par rapport aux lignes dont ils sont formés ?*

De trois sortes : les rectilignes formés par des lignes droites, *fig.* 62 et 63 ; les curvilignes formés par des lignes courbes, *fig.* 64 et 65 ; et les mixtilignes qui sont formés par des lignes, dont les unes sont droites et les autres sont courbes, *fig.* 66 et 67.

* 126. *Combien distingue-t-on de sortes de triangles rectilignes , par rapport à leurs côtés ?*

De trois sortes : le triangle équilatéral, qui a les trois côtés égaux, *fig.* 62 ; l'isocèle, qui a deux côtés égaux, *fig.* 63 ; et le scalène, qui a les trois côtés inégaux, *fig.* 68.

* 127. *Quels noms donne-t-on encore aux triangles par rapport à leurs angles ?.*

On nomme triangle rectangle celui qui a un angle droit, *fig.* 69 ; ambligone ou obtusangle, celui qui a un angle obtus, *fig.* 70 ; et oxigone ou acutangle, celui qui a tous ses angles aigus, *fig.* 62 et 63.

* 128. *Comment appelle-t-on le grand côté du triangle rectangle ?*

Hypoténuse ; il est toujours opposé au plus grand angle ; et en général dans tout triangle, le plus grand

côté est toujours opposé au plus grand angle et réciproquement , et le plus petit côté au plus petit angle.
Ainsi , dans la figure 69 , l'angle G est le plus grand,
parce qu'il est opposé au côté D E qui est le plus grand,
et l'angle E est le plus petit , parce qu'il est opposé
au plus petit côté G D.

* 129. *Combien les trois angles d'un triangle ont-
ils de degrés?*

Toujours 180 : car si l'on fait passer une circonférence de cercle par le sommet des trois angles A , B , C,
fig. 71 , elle sera toute comprise entre les côtés des trois
angles ; or , ces angles ayant le sommet à la circonférence , chacun d'eux a pour mesure la moitié de l'arc
qu'il intercepte entre ses côtés (N° 74) : donc ils ont
ensemble la moitié de la circonférence , ou 180 degrés.

* 130. *Que concluez-vous de là ?*

1° Que lorsqu'on connaît deux angles d'un triangle , on peut trouver le troisième , en retranchant la
somme des deux premiers de 180 degrés ;

2° Que lorsque deux angles d'un triangle sont égaux
à deux angles d'un autre triangle , le troisième du premier est nécessairement égal au troisième du second ;

3° Que les deux angles aigus d'un triangle rectangle valent toujours ensemble 90 degrés, et sont com-
plémens l'un de l'autre ;

4° Qu'il ne peut y avoir qu'un seul angle droit
dans un triangle ; car il ne reste plus pour les autres
que 90 degrés ;

5° Qu'il ne peut non plus y avoir qu'un seul angle
obtus , ne restant plus pour les deux autres angles
qu'un nombre de degrés moindre que 90.

* 131. *Qu'appelle-t-on hauteur d'un triangle?*

C'est la perpendiculaire AD, *fig.* 111 et 112, abaissée de l'un des angles quelconques sur le côté opposé B C ou sur son prolongement C D. L'angle d'où
part la perpendiculaire se nomme sommet du triangle,
et le côté sur lequel elle tombe se nomme base.

Exercices. — Déterminer la valeur de l'un des angles aigus d'un triangle rectangle, par la connaissance de l'autre.

Déterminer la valeur des angles d'un triangle isocèle, connaissant celle de l'un des angles semblables ou symétriques.

Ces exercices sont une conséquence des N°ˢ 129 et 130.

SECTION II.

Construction des Triangles.

132. Combien *faut-il de conditions pour déterminer un triangle?*

Trois, pourvu que dans les conditions connues il y ait un côté : ainsi un triangle est déterminé lorsqu'on connaît ses trois côtés, ou deux côtés et l'angle compris, ou deux angles et le côté compris.

133. *Que faut-il faire pour tracer un triangle dont on connaît la longueur des côtés* A, B, C, *fig. 72?*

Tirer la ligne D E égale à A; de l'extrémité D de cette ligne, et d'un rayon égal à B, décrire un petit arc en G; de l'autre extrémité E de cette même ligne, et d'un rayon égal à C, décrire encore un arc qui coupe le premier; du point d'intersection, tirer les deux lignes D G, E G, et on aura le triangle demandé.

134. *Que faut-il faire pour construire un triangle équilatéral dont on connaît la longueur de l'un des côtés* A, *fig. 73?*

Tirer une droite B C égale à A; de ses extrémités, et d'un rayon égal à cette ligne, décrire des arcs qui se coupent en D, et joindre par des droites le point d'intersection D aux extrémités de la ligne B C.

135. *Connaissant la longueur* A *et* B *des deux*

côtés de l'angle droit d'un triangle rectangle, fig. 74, que faut-il faire pour le construire?

Tirer une ligne C D égale à A ; élever à son extrémité C une perpendiculaire C E égale à B ; la droite E D termine le triangle demandé.

‹ * 136. *Comment construit-on un triangle isocèle dont les côtés égaux ont chacun la longueur de la droite A, connaissant l'angle B qu'ils forment, fig. 75?*

Après avoir tiré une droite C D égale au côté donné A, on fait au point C un angle égal à B ; on porte sur la droite C E une longueur égale à l'autre côté C D ; on joint les points D et E, et le problème est résolu.

* 137. *Comment trace-t-on un triangle dont on connaît deux côtés A, B et l'angle H qu'ils doivent former, fig. 76?*

On tire une droite I C égale à A ; on fait au point I un angle égal à H ; on porte la longueur de B, de I en J ; on joint ensuite par une droite les points C et J, et on a le triangle demandé.

* 138. *Que faut-il faire pour construire un triangle dont on donne un côté L et les deux angles A et B qui doivent être à ses extrémités, fig. 77?.*

Tirer une ligne I J égale au côté L ; à l'extrémité J, faire un angle égal à A, et à l'autre extrémité un angle égal à B, et tirer les lignes I G, J G, et on a le triangle demandé.

* 139. *Connaissant deux côtés A et B d'un triangle acutangle et l'angle L opposé au côté A, que faut-il faire pour le construire, fig. 78?*

Tirer une ligne I J égale à B ; à l'une de ses extrémités I faire un angle égal à L ; de l'autre extrémité J, et d'un rayon égal au côté A, décrire l'arc H, qui coupe le côté I H ; joindre par une droite les points J et H, et on a le triangle demandé.

* 140. *Comment trace-t-on un triangle dont on*

connaît deux angles A et B et le côté L opposé à l'angle B, fig. 79 ?

On tire une droite indéfinie D E; on fait au point D un angle égal à A, et on en figure un autre égal à B en un point quelconque I de la ligne D E; on prend sur D F une longueur égale à L, et de ce point on mène une parallèle F E à la ligne ponctuée, et on a le triangle demandé.

* 141. *Que faudrait-il faire pour construire un triangle dont la longueur de chaque côté serait donnée en nombre ?*

Prendre sur l'échelle les longueurs désignées, et en former le triangle.

Exercices. — Construire un triangle dont les côtés soient entre eux comme les nombres 9, 10 et 11.

Construire un triangle dont la base soit de 10 mètres, représentés par des centimètres, et la hauteur, prise sur la quatrième division de la base, soit de 8 mètres.

Faire un triangle dont un angle soit de 95 degrés, un autre de 75, et le côté compris de 10 mètres représentés par des centimètres.

Pour résoudre ces problèmes, il faut prendre les longueurs données sur A B, *fig.* XV, et se servir du rapporteur pour former les angles du dernier triangle.

CHAPITRE XIV.

DES QUADRILATÈRES.

SECTION PREMIÈRE.

Définition des Quadrilatères.

* **142.** Qu'APPELLE-T-ON *quadrilatère ?*

C'est une figure de quatre côtés.

* **143.** *Combien distingue-t-on de sortes de quadrilatères ayant un nom particulier ?*

De six sortes : le carré , le rectangle , le rhombe ou losange , le rhomboïde , le trapèze et le trapézoïde.

* **144.** *Qu'est-ce que le carré ?*

C'est une surface renfermée par quatre lignes droites de même longueur, formant quatre angles droits, *fig.* 80.

* **145.** *Qu'appelle-t-on rectangle ?*

C'est un carré long , *fig.* 81.

* **146.** *Qu'appelle-t-on rhombe ou losange ?*

C'est une surface renfermée par quatre lignes égales formant quatre angles, dont deux opposés sont égaux et aigus , et les deux autres sont aussi égaux et obtus, *fig.* 82.

* **147.** *Qu'est-ce que le rhomboïde ?*

C'est une figure qui a les côtés et les angles opposés égaux et parallèles , mais les angles et les côtés contigus inégaux , *fig.* 83.

* **148.** *Quel nom général donne-t-on aux quadrilatères qui ont les lignes parallèles deux à deux ?*

Celui de parallélogramme.

* **149.** *Qu'appelle-t-on trapèze ?*

C'est un quadrilatère qui a deux côtés égaux, et les deux autres parallèles et inégaux, *fig.* 84.

* 150. *Qu'est-ce que le trapézoïde ?*

C'est une figure qui a toutes les lignes inégales, mais dont deux sont parallèles, *fig.* 85.

SECTION II.

Construction des Quadrilatères.

* 151. Que *faut-il faire pour tracer un carré dont on connaît un des côtés* P, *fig.* 80?

Tracer une droite A B égale au côté donné P; au point B élever une perpendiculaire B E, égale au côté P; des points A et E, et d'une ouverture de compas égale à la droite P, décrire des arcs qui se coupent en G; joindre les points G E et G A, et on a le carré demandé.

On peut encore résoudre ce problème de la manière suivante : des extrémités A et B de la ligne donnée, *fig.* 86, et d'un rayon égal à cette droite, il faut décrire les arcs A I C, B I D; de la même ouverture, à partir de l'intersection I, couper l'un des arcs A C en C, tirer la droite A C qui partage I B en deux parties égales; porter la longueur IJ de I en D et en L, et les quatre angles du carré seront déterminés. Il est clair que l'angle A est droit, car il comprend entre ses côtés un arc égal au quart d'une circonférence décrite de son sommet A; l'arc I B, étant déterminé par le rayon du cercle, comprend 60 degrés (Nº 104), et I D est égal à la moitié de cet arc, et a par conséquent 30 degrés, ce qui fait en tout 90 degrés, mesure d'un angle droit: il en est de même de l'angle B.

* 152. *Et si on ne connaît que la diagonale* A, *fig.* 87, *que faut-il faire?*

Il faut croiser perpendiculairement deux lignes égales à A, de manière à ce que l'intersection soit au

milieu de chacune d'elles, et joindre les extrémités
B, C, D et E de ces lignes par des droites.

* 153. *Que faut-il faire pour construire un carré
lorsqu'on ne connaît que la différence* P *de la diagonale au côté, fig. 87 ?*

Élever une perpendiculaire B D sur une ligne D E,
partager l'angle D en deux parties égales par une
ligne indéfinie D C ; porter la différence donnée P,
de D en H, de H en I et de I en E sur la ligne D E, et
on aura la longueur D E pour celle du côté du carré.

On peut aussi, sur un carré quelconque A B C D,
fig. 88, mener la diagonale ; porter la longueur du
côté sur la diagonale de C en E ; tirer ensuite la ligne
E D H, et porter la longueur donnée M sur le prolongement de la diagonale de E en G ; enfin, mener G H
parallèle à A D, elle déterminera, par sa rencontre
avec le prolongement de E D, la longueur du côté du
carré demandé. En effet, à cause des parallèles A D,
et G H, on a cette proportion, A E : A D : : E G : G H.

* 154. *Connaissant les deux côtés adjacents* A *et* B,
fig. 89, *d'un rectangle, que faut-il faire pour le construire ?*

Tirer une droite C D égale à A ; élever en D une
perpendiculaire égale à B ; du point C, et d'une ouverture de compas égale à B, décrire un arc en E ;
d'une ouverture égale à A, à partir du point F,
couper l'arc E : les lignes F E et C E qui passent par
l'intersection des deux arcs achèvent le rectangle demandé.

* 155. *Si l'on ne connaît que les diagonales* A *et* B
et l'angle C *qu'elles forment, fig.* 90, *que faut-il faire ?*

Il faut croiser les deux diagonales par le milieu, de
manière à ce qu'elles forment à leur intersection D un
angle égal à l'angle C ; joindre les extrémités des diagonales par des droites, et on a le rectangle demandé.

* 156. *Et si l'on ne connaît que les diagonales
A et B et un côté* C, *fig.* 91 ?

Il faut tirer une droite D E égale à C, et d'une ouverture de compas égale à la moitié de l'une des diagonales, décrire des points D et E des arcs qui se coupent en F ; tirer des lignes G D, H E indéfinies ; porter
la longueur D F de F en H et en G, et joindre les points
DH, H G et G E. On pourrait encore le construire de
cette manière : après avoir tiré la ligne D E, lui élever
au point D une perpendiculaire d'une longueur indéfinie, et du point E, et d'une longueur égale à la
diagonale, couper D H en H : on aurait deux côtés du
rectangle qu'on achèverait de construire.

* 157. *Que faut-il faire pour construire un losange
dont on connaît les deux diagonales A et B, fig. 92 ?*

Croiser perpendiculairement deux lignes égales aux
diagonales, de manière à ce que l'intersection se
trouve au milieu de chacune d'elles, et joindre les
extrémités B, C, D et E par des droites.

* 158. *Comment construit-on un trapézoïde dont on
connaît les quatre côtés A, B, C et D, fig. 93, A étant
la base et C la parallèle.*

On tire une droite I J égale à A ; on porte sur cette
ligne une longueur J L égale à C ; de I, et d'un rayon
égal à D, on décrit un arc en N ; de L, et d'un rayon égal
à B, on coupe cet arc en N ; de l'intersection N, et d'un
rayon égal à C, on décrit un arc en V ; de J, et d'un
rayon égal à B, on coupe cet arc ; enfin, on joint par des
droites les points N V J, et on a la figure demandée.

* 159. *Connaissant les quatre côtés A, B, D et E,
fig. 94, d'un quadrilatère quelconque et la diagonale C
qui joint le second angle au point de départ (1), que
faut-il faire pour le construire ?*

Tirer une droite F G égale à A ; du point F, et d'un
rayon égal à C, décrire un arc en H ; de G, et d'un
rayon égal à B, couper l'arc H ; de H, et d'un rayon

---

(1) On appelle point de départ l'extrémité à gauche de la ligne
droite, qui est la base de la figure.

égal à D, décrire un arc en I ; de F, et d'un rayon égal à E , couper ce dernier arc ; joindre par des droites les points F , I , H, G, et on a le quadrilatère.

Exercices. — Dessiner la porte à deux panneaux , *fig.* XXXI :

La hauteur d'une porte peut être double de sa largeur ; les lignes C représentent les arêtes extérieures du bâti ou encadrement ; les panneaux sont égaux et assemblés à rainures avec le bâti A , ainsi que la traverse B, et sont ornés d'une moulure prise dans l'épaisseur du bois.

La porte à petits cadres , *fig.* XXXII :

La hauteur de la porte peut être double de sa largeur ; les lignes C représentent les arêtes extérieures du bâti ; A B, les joints des battans ou vantaux. Le bâti D doit être assemblé à mortaises, ainsi que les traverses E. Les panneaux G ne doivent être qu'à la hauteur de la cymaise ou d'appui.

On appelle petits cadres, ou profils à petits cadres, les ornemens composés de plusieurs moulures qui entourent un panneau , lorsque ces moulures sont prises dans l'épaisseur du bois ; et grands cadres ou cadres ravalés ou embrevés lorsque la saillie excède le nu du champ. Les profils qui ne contiennent qu'une espèce de moulure se nomment simples, ou à plate-bande si la moulure est plate.

La porte à grands cadres , *fig.* XXXIII :

Cette figure se construit à peu près comme la précédente ; les panneaux du bas sont un peu plus courts que les autres et taillés à pointes de diamant. Les grands panneaux de cette porte peuvent être en hexagones allongés et recevoir un ornement au milieu ; les autres peuvent être diversement construits et ornés, pourvu que la symétrie soit observée.

La grande grille , *fig.* XXXIV :

Pour construire cette grille, il faut d'abord tracer l'encadrement , ensuite les grands barreaux qui ont une direction verticale ; ceux qui sont tangens aux cercles et leurs parallèles, etc.

Le parquet, *fig.* XXXV :

Les traverses sont assemblées à arasement, c'est-à-dire coupées à mi-bois et entrelacées ; le bâti est assemblé à onglet ; on dessine d'abord les traverses A A, ensuite celles B et C.

La barrière, *fig.* XXXVI :

La construction de cette barrière est facile ; les grandes traverses sont assemblées à arasement sur la rosette, et à fausses coupes aux angles du bâti ; les petites sont ajustées sur les grandes par un tenon et une mortaise.

CHAPITRE XV.

DES POLYGONES RÉGULIERS.

SECTION PREMIÈRE.

Désignation des Polygones réguliers.

160. Comment *désigne-t-on ordinairement les polygones ?*

En nommant le nombre de leurs côtés ; cependant il y en a qui ont un nom qui leur est propre.

161. *Quels sont-ils ?*

Le triangle ou trilatère qui a trois côtés, *fig.* 95 ; le quadrilatère ou carré qui en a quatre, *fig.* 96 ; le pentagone qui en a cinq, *fig.* 97 ; l'exagone qui en a six, *fig.* 98 ; l'eptagone qui en a sept ; *fig.* 99 ; l'octogone qui en a huit, *fig.* 100 ; l'ennéagone qui en a neuf, *fig.* 101 ; le décagone qui en a dix, *fig.* 102 ; l'ondécagone qui en a onze, *fig.* 103 ; et le dodécagone qui en a douze, *fig.* 104 : quand ils sont irréguliers , on ajoute aux noms qui les désignent le dénominatif d'irrégulier.

* 162. *Comment prouve-t-on la régularité de tous ces polygones ?*

En leur circonscrivant une circonférence ; si le polygone est régulier , la circonférence touchera le sommet de tous ses angles, *fig.* 98, etc. On dit alors que le polygone est inscrit dans la circonférence. On prouve aussi la régularité des polygones en leur inscrivant une circonférence ; si la figure est régulière , tous ses côtés seront tangens au cercle, au point milieu de chacun d'eux, *fig.* 105 : on dit dans ce cas que le polygone est circonscrit à la circonférence.

* 163. *Que faut-il faire pour circonscrire une circonférence à un polygone régulier ?*

Chercher le centre E , *fig.* 98 , du polygone donné , et d'une ouverture de compas égale à la distance du centre au sommet de l'un des angles B , décrire la circonférence A B C , etc., qui satisfait à la demande.

* 164. *Que faut-il faire si on veut l'inscrire dans le polygone ?*

Prendre pour rayon la perpendiculaire I B, *fig.* 105, menée du centre au milieu de l'un des côtés du polygone , et décrire la circonférence A B C, etc. , qui est celle qu'on demande.

* 165. *Comment trouve-t-on le centre d'un polygone régulier ?*

Si le polygone donné a un nombre pair de côtés , *fig.* 98 , il faut joindre par une droite le sommet d'un angle quelconque A avec celui de l'angle qui lui est opposé B ; joindre pareillement le sommet d'un autre angle C avec l'angle opposé D : l'intersection E des deux droites est le centre du polygone.

* 166. *Et si le polygone donné a un nombre impair de côtés ?*

Il faut joindre par une droite le sommet d'un angle

quelconque A , *fig.* 99 , avec le milieu D du côté qui lui est opposé ; joindre pareillement le sommet d'un autre angle B avec le milieu I du côté qui lui est aussi opposé : l'intersection E des deux droites est le centre du polygone.

167. *Quel est le nombre des degrés de tous les angles d'un polygone quelconque?*

C'est le nombre 180 pris autant de fois moins deux que le polygone a de côtés ; car tout polygone peut être changé en autant de triangles moins deux qu'il y a de côtés, comme on le voit, *fig.* 141 ; or les trois angles de tout triangle valent 180 degrés (N° 129).

168. *Comment peut-on déterminer le nombre des degrés de chaque angle d'un polygone régulier?*

En divisant la somme totale des degrés de ce polygone par le nombre de ses angles.

SECTION II.

Construction des Polygones réguliers.

* 169. Que *faut-il faire pour inscrire dans une circonférence donnée, un polygone régulier d'un nombre quelconque de côtés , par exemple de six côtés?*

Diviser la circonférence en six parties égales , *fig.* 98, c'est-à-dire, porter le rayon de A en C, de C en F, etc., et joindre ces points de divisions deux à deux (N° 103).

* 170. *Que faut-il faire pour circonscrire à une circonférence un polygone d'un nombre de côtés donnés, par exemple de sept côtés?*

Partager la circonférence donnée , *fig.* 105 , en sept parties égales ; joindre par des droites le centre I , à tous les points de divisions A , B , C , etc. , et mener à l'extrémité de ces rayons des perpendiculaires qui, en se coupant, déterminent le polygone demandé.

* 171. *Connaissant l'un des côtés* M , *fig.* 106 , *d'un*

polygone régulier d'un nombre quelconque de côtés, par exemple d'un pentagone, que faut-il faire pour le construire?

Décrire une circonférence quelconque; la diviser en autant de parties qu'on veut donner de côtés au polygone; joindre deux points de divisions B et O par une ligne indéfinie B I; mener par les points B et O les rayons D B et D O aussi indéfinis; porter la ligne donnée M, de B en I, et de ce point I mener I K parallèle à D O; elle déterminera K B pour le rayon de la circonférence demandée pour le polygone que l'on veut construire. En effet, on voit que la division B O du premier cercle : D B, son rayon, :: la ligne B I égale à M : rayon K B du nouveau cercle.

* 172. *Comment construit-on un polygone étoilé?*

On décrit du même centre, mais d'un rayon différent, deux circonférences, *fig.* 107; on partage la plus grande en autant de parties égales que l'on veut donner d'angles saillans au polygone, par exemple 7; on joint les points de divisions A, B, C, etc., au centre du cercle : par ces rayons la petite circonférence se trouve partagée en autant de parties que la grande.

On divise chaque arc du petit cercle en deux parties égales, et on joint les points milieux H, I. J, etc., aux points de divisions de la grande circonférence.

Exercices. — Dessiner les carrelages, *fig.* XXXVII, XXXVIII, XXXIX et XL:

Il n'y a que trois sortes de polygones réguliers qui puissent se raccorder sans laisser de vide entre leurs joints : le triangulaire, le carré, et l'hexagonal; par conséquent on ne peut employer que trois sortes de carreaux pour carreler une pièce, si l'on veut qu'ils se joignent parfaitement. On se sert peu des triangulaires, parce que leurs angles étant trop aigus sont plus sujets à se casser; si l'on emploie la figure octogonale, il faut remplir les vides qui restent par des carrés dont le côté soit égal à celui de l'octogone; lorsqu'on emploie le carré ou le losange, on varie ordinairement les couleurs.

Pour construire la figure XXXVII, il faut diviser ses quatre côtés en parties égales, et tirer les lignes par les points de division.

Pour les losanges, *fig.* XXXVIII, on divise aussi les côtés A B, C D en parties égales; on divise de même les côtés E F, G H en parties égales, mais plus grandes.

Pour former les hexagones, *fig.* XXXIX, on divise les lignes A C et B D en parties égales, on tire les lignes par la première division, par la troisième et la quatrième, et ainsi de suite; on prend ensuite deux divisions qu'on porte de I en J, de J en L, de L en N, etc.; on en fait autant sur C D, sur F P, etc. Ajustant la règle aux points J et M, on tire les droites qui se trouvent dans la direction de ces deux points, de deux en deux, entre les parallèles les plus distantes, etc.; on joint enfin les extrémités des droites, ce qui donne le carrelage.

Pour former les octogones, *fig.* XL, on divise d'abord au crayon la figure en carrés A B; on partage chacun de leurs côtés en trois parties égales, et l'on joint, par des obliques, les points les plus proches des angles.

CHAPITRE XVI.

ÉVALUATION DES SURFACES.

SECTION PREMIÈRE.

Évaluation des Figures rectilignes.

173. QU'EST-CE *qu'évaluer une surface ?*

C'est déterminer combien de fois elle contient une autre surface prise pour l'unité de mesure. Par exemple, soit l'unité de mesure représentée par le petit carré A, *fig.* 108, la surface du grand carré C D E F, sera exprimée par un nombre qui indiquera combien de fois il contient le petit carré ou l'unité de mesure. (*Voyez* ARITHM. , pages 322 et 323).

174. *Comment obtient-on la surface du carré ?*

En multipliant l'un de ses côtés par lui-même. Car si l'on porte successivement sur les côtés du grand carré des longueurs F I , I J , etc. , égales chacune à l'un des côtés du petit carré, et qu'on joigne par des droites les points de division correspondans des parallèles, on aura divisé le grand carré en un nombre de petits , égal au produit du nombre de division de l'un de ses côtés par lui-même ; or ces petits carrés sont égaux à l'unité de mesure : donc la surface du carré est égale au produit de l'un de ses côtés par lui-même ; ainsi si l'unité de mesure représente un mètre, la figure aura seize mètres de surface.

175. *Quelle est la surface du rectangle ?*

C'est le produit de l'un des grands côtés par son adjacent. Qu'on divise le rectangle A B C D, *fig.* 109,

DESSIN LINÉAIRE.

de la même manière que la figure précédente, et on verra la preuve de cette règle.

176. *Comment obtient-on celle du losange, ainsi que celle du rhomboïde ?*

En multipliant la longueur de la perpendiculaire B I, *fig.* 110, qui joint deux parallèles, par la longueur de sa base A D. Ceci est fondé sur ce que ces figures peuvent toujours être rappelées à un carré ou à un rectangle égal en superficie : car, si de l'angle B on abaisse une perpendiculaire B I sur le côté A D, et que de l'angle C on en abaisse une autre sur le prolongement de A D, il est visible qu'on aura le parallélogramme I B C J, égal en superficie au rhomboïde, le triangle D C J dont on a augmenté cette dernière figure pour former ce parallélogramme étant égal à celui A B I, dont on l'a diminué, puisqu'ils ont les trois côtés égaux ; on le prouverait de même pour le losange : donc la surface de ces figures est égale au produit de la perpendiculaire qui joint deux parallèles par la base.

177. *Quelle conséquence tirez-vous de ce qui vient d'être démontré ?*

Que tous les parallélogrammes de mêmes bases et d'égale hauteur sont égaux.

178. *Que résulterait-il si l'on joignait les deux angles opposés d'un parallélogramme quelconque* A B C D, *par une droite* A D, *fig.* 81?

Que cette droite, qu'on appelle diagonale, le diviserait en deux triangles égaux; ceci est trop sensible pour exiger une démonstration.

179. *Qu'en concluez-vous ?*

1° Qu'un triangle quelconque est égal en superficie à la moitié d'un parallélogramme, qui aurait pour l'un de ses côtés une longueur égale à celle de la base du triangle et une même hauteur.

Ainsi, pour avoir la superficie des triangles, fig. 111 et 112, il faut prendre la longueur B C de la base et la porter sur l'échelle, pour savoir combien elle

contient d'unités, y porter pareillement la hauteur
A D; la moitié du produit de ces deux nombres sera
la superficie de chaque triangle.

2° Que tous les triangles dont les bases et les hauteurs sont égales, quelles qu'en soient les formes, ont
la même superficie.

Ainsi, tous les triangles A B C, D B C, E B C, F B C,
fig. 113, sont égaux, parce qu'ils ont une base commune B C, et que toutes les hauteurs A H, D I, E J,
F K, sont égales, étant comprises entre des parallèles,
d'où il résulte qu'on peut faire prendre différentes
formes aux triangles sans que pour cela ils perdent
rien de leur superficie, comme nous le verrons au
chapitre XVII.

180. *Que faut-il faire pour avoir la surface du
trapèze et celle du trapézoïde, fig.* 84 *et* 85 ?

Multiplier la moitié de la somme de deux côtés parallèles A C et E D par la hauteur perpendiculaire A B
de la figure. Ceci est évident, car si de l'angle A du
trapézoïde, *fig.* 114, on abaisse une perpendiculaire
A F sur le côté D C, et que sur le milieu de D F on
élève une autre perpendiculaire E I, on aura un rectangle E I B C, égal en superficie au trapézoïde A B C D,
le triangle D J E dont on a diminué cette figure étant
égal à celui J I A dont on l'a augmentée pour former
le rectangle, puisqu'ils ont les trois côtés égaux : or
le côté E C du rectangle tient le milieu entre la droite
F C, qui est égale à A B, et la droite D C; il est donc
égal à la moitié de la somme de ces deux droites; en
conséquence le trapézoïde a pour surface le produit
de la moitié de la somme de ses côtés parallèles par
la hauteur perpendiculaire de la figure; on le prouverait de même pour le trapèze.

181. *Quelle est la superficie des polygones réguliers?*

C'est le produit de la longueur totale de leur périmètre, c'est-à-dire de leur contour, par la moitié de
la perpendiculaire abaissée du centre du polygone sur

l'un quelconque des côtés. Ainsi la superficie du polygone, *fig.* 97, est le produit de la somme des côtés AB, BC, CD, etc., par la moitié de la perpendiculaire F G.

Ceci résulte de ce que l'on peut partager le polygone en autant de triangles égaux que cette figure a de côtés, en menant de ses angles des droites A F, B F, etc., à son centre ; or la surface de chacun de ces triangles est égale au produit de sa base par la moitié de sa hauteur (N° 179): donc la surface d'un polygone régulier quelconque, est égale au produit de son périmètre, ou contour, par la moitié de la perpendiculaire abaissée de son centre sur l'un quelconque de ses côtés.

182. *Que faut-il faire pour avoir la surface des polygones irréguliers, fig.* 141?

Les partager en triangles par des diagonales A C, A D; évaluer la surface de chacun de ces triangles en particulier, et le total sera la surface du polygone.

183. *Comment partage-t-on un parallélogramme quelconque en parties égales, par exemple le rhomboïde, fig.* 115, *en cinq parties?*

Il faut diviser deux des lignes parallèles A B, CD en autant de parties égales que la question en exige, et joindre les points de division correspondans par des droites.

Exercices. — Évaluer la surface des *fig.* XXX, XXXI, XXXII et XXXIII, d'après l'échelle, *fig.* 61. (*Voyez* ARITHM., page 322, pour d'autres exercices.)

SECTION II.

Évaluation de la Surface du cercle et de ses parties.

184. QUE *faut-il connaître pour trouver la superficie du cercle?*

Le rapport qui existe entre son diamètre et sa circonférence, et réciproquement.

185. *Quel est ce rapport ?*

Selon Archimède, le diamètre du cercle est à sa circonférence comme 7 est à 22. Ainsi, selon cet auteur, une circonférence qui a un diamètre de 7 pieds, en a 22 de circonférence. D'après cela, pour avoir la circonférence du cercle, *fig.* 5, supposé que son diamètre soit de 21 millimètres, il faut faire cette proportion, $7 : 22 :: 21 : x = R.$ 66 millimètres, pour la circonférence de ce cercle. On voit par là, que pour avoir le diamètre, si l'on ne connaît que la circonférence, il n'y a qu'à renverser la proportion, et dire, $22 : 7 ::$ $66 : x = R.$ 21.

186. *N'a-t-on pas des rapports plus approchés ?*

Quelques auteurs se servent du rapport de 100 à 314. Adrien Métius a donné celui de 113 à 355 : on croit que c'est le plus exact ; mais le premier (7 : 22) l'est assez pour en faire usage dans la pratique.

187. *Que faut-il faire pour avoir la longueur du diamètre d'une circonférence dont on ne connaît que les dimensions de la corde qui sous-tend l'un de ses arcs et la longueur de la flèche ?*

Diviser le carré de la moitié de la corde par la longueur de la flèche, ajouter au quotient la longueur de cette flèche, et on a le diamètre cherché. Si l'on demandait ensuite la circonférence, on multiplierait ce diamètre par $3 \frac{1}{7}$, ou bien on ferait la proportion (N° 185).

188. *Lorsqu'on connaît le diamètre ou le rayon du cercle et sa circonférence, comment en trouve-t-on la superficie ?*

En multipliant la circonférence par la moitié du rayon, ou par le quart du diamètre, parce que le cercle peut être considéré comme un polygone régulier dont les côtés infiniment multipliés composent la circonférence (N° 181).

189. *Quelles parties considère-t-on dans le cercle ?*

Ce sont le secteur, le segment et la couronne.

190. *Qu'appelle-t-on secteur?*

C'est une partie de cercle renfermée entre deux rayons E M , D M , et une portion de circonférence E N D , *fig.* 5.

191. *Qu'est-ce que le segment?*

C'est une partie de cercle renfermée entre une corde E D , *fig.* 5 , et une portion de cercle E N D.

192. *Qu'appelle-t-on couronne?*

C'est une figure formée de deux circonférences concentriques , c'est-à-dire qui ont un centre commun; tel serait l'espace compris entre les circonférences A B , C D , *fig.* 15 , si elles étaient entièrement décrites.

193. *Que faut-il faire pour avoir la surface du secteur ?*

Multiplier l'arc qui lui sert de base par la moitié du rayon, parce qu'on peut le considérer comme composé d'une infinité de triangles dont la totalité des bases compose l'arc qui sert de base au secteur.

Pour la surface de la lunule , *voyez* (N° 227).

194. *Comment détermine-t-on la longueur d'un arc?*

En faisant cette proportion : 360 est au nombre de degrés de l'arc, comme la longueur de la circonférence est à la longueur de l'arc donné. Ainsi, si l'arc E N D, *fig.* 5 , du secteur E M D N E a 60 degrés , et que la longueur de la circonférence soit de 66 millimètres, pour avoir la longueur de cet arc , je dis , 360 : 60 :: 66 : x, et on a 11 millim. pour la longueur de cet arc , ou bien (N° 94) C B , *fig.* 57 : 180 :: E C : C D.

195. *Que faut-il faire pour avoir la surface du segment ?*

Retrancher la surface du triangle E M D , *fig.* 5 , de celle du secteur , le reste sera la surface du segment.

196. *Comment obtient-on la surface de la couronne ?*

On évalue la surface des deux cercles, et on retranche celle du petit de celle du grand; le reste est la surface de la couronne.

197. *S'il était donné en nombre la base ou la hauteur d'un triangle, d'un rectangle, d'un losange, que faudrait-il faire pour les construire de manière à ce que chaque figure eût une superficie déterminée ou égale à celle que donnerait un polygone dont les dimensions seraient données ?*

Diviser la surface donnée par la base ou par la hauteur du triangle, le quotient donnera la moitié de la dimension cherchée. Pour le rectangle, diviser la surface donnée par la longueur de la dimension déterminée, le quotient donnera l'autre. Il en est de même pour le losange. S'il s'agissait du carré, la racine carrée de la surface proposée donnerait la longueur de son côté.

Exercice. — Évaluer la surface des *fig.* 260 et suivantes sur l'échelle, *fig.* 61, prise dans son second usage. (*Voyez* ARITHMÉTIQUE, page 322, *Quest.* 104 et suiv. pour d'autres exercices.)

CHAPITRE XVII.

RÉDUCTION DES TRIANGLES EN D'AUTRES DE MÊME SUPERFICIE, ET DE LEUR DIVISION.

198. QUE *faut-il faire pour réduire au triangle rectangle un autre triangle quelconque, en lui conservant la même base et la même superficie ?*

Élever à l'une des extrémités de la base une perpendiculaire A I, *fig.* 116, égale à la hauteur du triangle A E B, qu'on veut réduire ; joindre par une droite le sommet I de la perpendiculaire à l'autre extrémité B de la base, et on a le triangle rectangle A I B, égal en superficie au triangle A E B. Ceci est évident, d'après ce qu'on a dit (N° 179), ces deux triangles ayant une base commune et la même hauteur.

* 199. *Comment peut-on rendre isocèle un autre triangle quelconque, en lui conservant la même superficie?*

En élevant au milieu de la base A B, *fig.* 117, du triangle que l'on veut réduire, une perpendiculaire C D, égale à A E, hauteur du triangle que l'on réduit; et joignant l'extrémité D de la perpendiculaire aux deux points A et B, on a le triangle demandé.

* 200. *Que résulte-t-il, si l'on prolonge la base d'un triangle d'une quantité qui lui soit égale, et qu'on joigne l'extrémité* C, *fig.* 118, *du prolongement, au sommet* B *du triangle?*

Il résulte de cette opération que le triangle B C D, est égal en superficie au triangle B E D; car les bases E D et D C sont égales, et la hauteur B I est la même.

* 201. *Que faut-il faire pour tracer un cercle dans un triangle quelconque, de manière que les côtés du triangle soient tangens à sa circonférence?*

Partager en deux parties égales deux des angles du triangle donné, *fig.* 119, et le point d'intersection C des bisectrices, est le centre du cercle demandé : son rayon est la perpendiculaire C D menée de ce point sur l'un quelconque des côtés du triangle. Ceci est évident, car on conçoit facilement que les points correspondans des côtés de l'angle A sont à une égale distance de ceux de la droite qui le divise; ceux des côtés de l'angle B ont conséquemment la même propriété. D'après cela, il y a donc un point du côté A E à une distance du point C égale à C D; par la même raison il y en a aussi un dans le côté B E, qui a la même propriété : l'intersection est donc au centre de ces trois points, et des lignes qui forment le triangle. Il est clair aussi que ces points sont ceux que déterminent les droites qu'on mène du point C perpendiculairement aux côtés du triangle, le contact des tangentes étant déterminé par le rayon qu'on leur mène perpendiculairement (N° 86).

202. *Comment peut-on partager un triangle en*

un nombre quelconque de parties égales, par exemple
le triangle A B C, *fig.* 120, en quatre parties égales ?

Après avoir divisé sa base A B en quatre parties
égales, on mène, du sommet C, des droites aux points
de division. Ceci est évident, puisque tous les petits
triangles-ont une base et une hauteur égales.

203. *Que faut-il faire pour partager un triangle
quelconque en parties égales par des lignes parallèles à sa base, par exemple le triangle A B C,
fig.* 121, *en trois parties ?*

Décrire sur l'un quelconque C B de ses côtés la demi-
circonférence C D E B; diviser le côté C B en trois parties égales ; élever à chaque division G et H les perpendiculaires G D et H E; du point C comme centre
décrire les arcs D F et E I, et enfin tirer les lignes I J
et F L parallèles à A B, et le problème est résolu.

Exercices. —Construire des triangles de formes
différentes, mais de même superficie.

Il faut que ces triangles aient même base et même
hauteur, ou la base de moitié, tiers, etc., et la hauteur
double, triple, etc.

Diviser un triangle quelconque en plusieurs parties
égales.

CHAPITRE XVIII.

RÉDUCTION DES PARALLÉLOGRAMMES EN D'AUTRES ÉGAUX EN SUPERFICIE.

204. Q*UE faut-il faire pour réduire un parallélogramme quelconque* A B F D, *fig.* 122, *à un carré qui
lui soit égal en superficie ?*

Chercher une moyenne proportionnelle entre sa
base et sa hauteur (N° 99); elle sera le côté demandé.
Si l'on prolonge le côté A B d'une quantité égale

à B D, et qu'on décrive sur A C, comme diamètre, la demi-circonférence A E C ; B E, élevée perpendiculairement au point B, sera moyenne proportionnelle entre A B et B C, qui est égale à B D. Mais cette opération nous fournit la proportion suivante, A B : B E :: B E : B C. Or, le produit des moyens est égal au produit des extrêmes (Arith., page 219) : donc le carré construit sur la moyenne proportionnelle sera égal en superficie au rectangle.

205. *Comment réduit-on un carré en rectangle, dont on donne un côté, en lui conservant la même superficie?*

On cherche une troisième proportionnelle (N° 98) au côté donné et à l'un de ceux du carré qu'on veut réduire, et cette troisième proportionnelle est le côté du rectangle, adjacent au côté donné. C'est l'inverse du problème 204 ; il se prouve d'une manière analogue.

206. *Que faut-il faire pour construire un rectangle dont on donne l'un des côtés F G, fig. 123, égal en superficie à un autre rectangle donné?*

Prolonger les côtés A B , C D , A C et B D du rectangle à réduire ; porter de B en E la longueur du côté donné F G ; du point E tirer la droite E H qui passe au point D, jusqu'à ce qu'elle rencontre le prolongement de A C ; mener E I parallèle à B J ; H I parallèle à C L , et le rectangle D L I J est celui qu'on demande. En effet, la diagonale E H partage le grand rectangle A E I H en deux triangles égaux A E H , E H I ; mais les triangles C D H et H J D sont égaux ; il en est de même des triangles B D E et D E L ; si donc de chacun des grands triangles on ôte ces parties égales, les restes A B C D et D L I J seront égaux.

Cette opération nous fournit encore cette proportion, D L qui est égale à B E : B D :: H J qui est égale à C D : J D. Ce qui fait voir que cette opération se réduit à trouver une quatrième proportionnelle (N° 96) à deux côtés adjacents du rectangle donné et au côté de l'inconnu, les deux côtés du rectangle donné étant toujours les moyens.

207. *Comment réduit-on un triangle à un carré qui lui soit égal en superficie ?* -

On cherche une moyenne proportionnelle entre la hauteur du triangle donné et la moitié de sa base ; elle sera le côté du carré cherché. S'il s'agissait de réduire un carré en triangle de même superficie, on donnerait à ce triangle une base double de celle du carré, et une hauteur égale à celle du même carré.

208. *Que faut-il faire pour réduire le losange ou rhomboïde à un rectangle qui lui soit égal en superficie ?*

Abaisser une perpendiculaire C A, *fig.* 124, de l'un quelconque C de ses angles, sur le côté opposé D B ; porter la longueur A D de B en I, mener I E, et on a le rectangle C A I E égal en superficie au losange. Ceci est évident, car le triangle B I E, ajouté au losange pour former le rectangle, est égal au triangle A D C qu'on a retranché, ayant tous deux des bases et des hauteurs égales.

209. *Comment réduit-on un trapèze, ou un trapézoïde, à un carré qui lui soit égal en superficie ?*

On cherche une moyenne proportionnelle entre la moitié de ses lignes parallèles et sa hauteur, elle sera le côté du carré demandé.

Exercices.—Construire des quadrilatères de formes différentes, comme des carrés, des rectangles, des trapèzes, des losanges, mais de même superficie. Il faut que les facteurs des produits soient combinés de manière à produire le même résultat.

CHAPITRE XIX.

MANIÈRE DE DIMINUER LE NOMBRE DES CÔTÉS D'UN POLYGONE QUELCONQUE OU DE L'AUGMENTER EN LUI CONSERVANT LA MÊME SUPERFICIE.

210. QUE *faut-il faire pour réduire le pentagone,* *fig.* 125, *à un quadrilatère, en lui conservant la même superficie ?*

Prolonger un des côtés A B du pentagone ; mener D E parallèle à la diagonale B C, et du point de rencontre E mener E C qui détermine le quadrilatère A B. E C F, égal au pentagone donné. En effet, les triangles B E C et B D C, ayant B C pour base commune et étant entre parallèles, sont égaux ; mais si, de chacun de ces triangles on ôte la partie commune B I C, les restes B E I et D C I seront aussi égaux : donc la figure A B I C F sera autant augmentée par l'addition du triangle B E I, qu'elle a été diminuée par la suppression du triangle D I C : donc le quadrilatère A B E C F est égal au pentagone donné.

211. *Et si le polygone avait un angle rentrant,* *fig.* 126 ?

Il faudrait joindre les angles saillans A et B ; mener par l'angle rentrant D la parallèle C D, et par le point C la ligne C B qui détermine le quadrilatère B C E F, égal au pentagone donné. Car les triangles A C D et C B D, ayant une même base C D, et étant entre parallèles, sont égaux ; mais si de chacun on ôte la partie C I D qui est commune, les triangles restans A C I et B I D seront aussi égaux, et le polygone B F E C D B sera autant augmenté par le triangle B I D que par A I C : donc le quadrilatère B F E C B est égal au pentagone donné.

212. *Que résulte-t-il de là ?*

1° Qu'on peut réduire un polygone quelconque

à un triangle, en lui faisant perdre successivement un de ses côtés, jusqu'à ce qu'ils soient réduits à trois: soit le polygone A B C D E A, *fig.* 127, à réduire. Pour lui faire perdre le côté A E, joignez les points B et E, et menez A F parallèle à cette diagonale; enfin tirez E F, et vous aurez C D E F égal au premier polygone. Pour supprimer le côté E F, prolongez d'abord le côté D E indéfiniment et joignez les points C et E, menez ensuite F G parallèle à C E jusqu'à la rencontre du prolongement D E, et enfin tirez C G, et vous aurez le triangle C G D égal en superficie au polygone donné.

2° Qu'on peut augmenter le nombre des côtés d'un polygone quelconque, en lui conservant la même superficie. Par exemple, supposons qu'on veuille donner un côté de plus à l'hexagone *fig.* 128 ; pour cela, il n'y a qu'à joindre par une diagonale l'angle A à un point B pris sur le côté D C ; par le point D mener E D parallèle à A B, et d'un point quelconque I, pris sur cette parallèle, tirer les lignes A I et I B, le polygone A I B C F G H sera égal au premier en superficie, et aura un côté de plus. On pourrait, par des opérations analogues, les augmenter ainsi successivement.

Exercices. — Réduire un polygone quelconque à un triangle de même superficie ;

Augmenter le nombre des côtés d'un polygone quelconque, en lui conservant la même superficie.

CHAPITRE XX.

DE LA SIMILITUDE DES TRIANGLES ET DES AUTRES POLYGONES.

213. Quand est-ce que les triangles sont semblables ?

C'est 1° lorsqu'ils ont les angles égaux chacun à chacun. Soit A D E, *fig.* 129, un triangle inscrit dans le triangle A B C, il est clair que ces deux triangles ont l'angle A semblable, puisqu'il leur est commun. Les angles D et E du petit triangle sont aussi égaux aux angles B et C du grand, D E étant parallèle à B C : or, il est aussi évident que leurs côtés sont proportionnels; car, à cause des parallèles D E, B C, on peut dire, A C : A E :: A B : A D. ou B C : D E :: B A : D A, etc.: donc ces deux triangles sont semblables, puisqu'ils ont leurs angles égaux et leurs côtés proportionnels;

2° Lorsqu'ils ont les trois côtés proportionnels, parce qu'alors leurs angles sont égaux. Ceci est clair par ce qui vient d'être démontré ;

3° Lorsqu'ils ont un angle égal compris entre deux côtés proportionnels. Par exemple, soit l'angle A, *fig*. 130, égal à l'angle D, et qu'on ait, D E : A B :: D F : A C; si l'on porte D E de A en I et D F de A en J, B C sera parallèle à la droite qui joint les deux points I et J, et on aura le triangle A I J, semblable au triangle A B C, leurs angles étant égaux: on aura donc, A I : A B :: A J : A C, etc. Or, le triangle A I J est semblable au triangle D E F : donc les deux triangles A B C, E F D sont semblables;

4° Lorsqu'ils ont les côtés homologues parallèles. Si le côté E D du triangle E D I, *fig*. 131, est parallèle à A C côté du triangle B A C, leurs bases étant sur une même droite B E ont la même propriété que si elles étaient parallèles, l'angle E est égal à l'angle C. Par la même raison, D E étant parallèle à A C, l'angle I est aussi égal à l'angle B ; le troisième angle D est donc aussi égal à l'angle A : donc ces deux figures sont semblables, puisque leurs angles sont égaux entre eux;

5° Lorsqu'ils ont deux angles égaux chacun à chacun. Soit les triangles A B C, D E F, *fig*. 132, sur une même droite A F ; si l'angle D est égal à l'angle A, le côté D E sera parallèle à A B ; si l'angle F est égal à l'angle C, le côté E F sera aussi parallèle à B C. Or, ces deux triangles, étant sur une même droite, ont la même propriété que si leurs côtés homologues A C, D F étaient parallèles entre eux : ainsi, les trois côtés étant parallèles,

les trois angles sont aussi égaux : donc deux triangles sont semblables lorsqu'ils ont deux angles égaux chacun à chacun.

214. *Quand est-ce que deux polygones quelconques sont semblables ?*

Dans les mêmes cas que les triangles. Ainsi les pentagones A B C D E et F G H I J, *fig.* 133, sont semblables, supposé que les angles correspondans du premier soient égaux à ceux du second. Les côtés parallèles seront aussi proportionnels : en sorte qu'on pourra dire, A B : F G :: B C : G H, et B C : G H :: C D : H 1, etc.

215. *Que résulte-t-il de là ?*

1° Que les contours des figures semblables sont entre eux comme leurs côtés homologues, en sorte qu'on peut dire AB : A B C D E :: F G : F G H I J ;

2° Que les surfaces semblables sont entre elles comme le carré de leurs côtés correspondans ou de leurs lignes homologues. Ainsi, on peut dire , *fig.* 133, la surface du pentagone A B C D E : la surface F G H I J :: le carré de A B : carré de F G.

Les cercles étant des figures semblables, sont donc entre eux comme le carré de leurs rayons ou de leurs diamètres : ainsi , si l'on connaît la valeur du rayon M B ou du diamètre B D du cercle, *fig.* 4, et sa surface, et qu'on connaisse aussi la valeur du rayon E M, ou du diamètre A C du cercle, *fig.* 5, on peut établir cette proportion pour avoir la surface de cette dernière figure : le carré du rayon M B ou du diamètre B D : la surface de ce cercle :: le carré du rayon M A ou du diamètre A C : la surface de cette figure.

Exercices. — Déterminer les principaux points de la figure 252 par le moyen des angles :

Il faut prendre une base , et de chacune de ses extrémités , prendre la distance de tous les points demandés , les porter sur le papier et figurer les objets.

CHAPITRE XXI.

SECTION PREMIÈRE.

Démonstration de cette Propriété.

216. QUELLE *est la propriété du triangle rectangle ?*

C'est que le carré fait sur l'hypoténuse B C, *fig.* 134, est égal aux carrés construits sur les deux autres côtés A B, A C.

217. *Démontrez-le ?*

Soit le triangle rectangle isocèle A B C, *fig.* 134 : qu'on construise un carré sur chacun de ses côtés et qu'on mène ensuite les diagonales D A et A E, chacun de ces carrés sera changé en deux triangles égaux entre eux et au triangle A B C, puisqu'ils ont les côtés égaux ; qu'on mène aussi les diagonales C G et B F, on aura aussi quatre triangles égaux entre eux et au triangle A B C, car ils ont chacun un côté égal opposé à l'angle droit, et chacun des autres angles est la moitié d'un angle droit : donc ils sont tous égaux au triangle A B C, qui lui-même est égal aux triangles formés dans les petits carrés, comme on vient de le voir : donc les quatre triangles provenant du grand côté du triangle sont égaux aux quatre formés sur les deux autres côtés ; conséquemment le carré construit sur l'hypoténuse est égal aux carrés construits sur les deux autres côtés.

218. *Si de l'angle droit A d'un triangle rectangle, fig.* 135*, on menait une perpendiculaire sur l'hypoténuse, qu'en résulterait-il ?*

Que cette perpendiculaire partagerait la figure en

deux autres triangles A B D, A B C, semblables entre eux et au premier. Ceci est évident, l'angle C B A est égal à l'autre angle droit C A D ; ces deux triangles ont aussi l'angle C semblable , puisqu'il leur est commun : donc ces deux triangles sont semblables (N° 213).

On prouverait de même que le triangle B A D est semblable à C A B.

219. *Qu'en concluez-vous ?*

Que les côtés homologues de ces figures sont proportionnels, en sorte qu'on peut dire, CB : AB :: AB : BD. On peut dire aussi , C B : C A :: C A : C D , par où nous voyons que A B est moyenne proportionnelle entre les deux segmens C B et B D de l'hypoténuse, et que A C l'est entre le segment adjacent à ce côté et l'hypoténuse C D; il en serait de même de A D par rapport à B D et C D.

220. *Que nous fournissent ces proportions ?*

Le moyen de prouver d'une autre manière que le carré fait sur le côté de l'hypoténuse est égal en superficie à la somme de ceux qui sont faits sur les autres côtés : car, en égalant le produit des extrêmes et celui des moyens, on a pour la première proportion C B × B D = A B × A B , et pour la seconde C B × C D = C A × C A; or, en faisant la somme des extrêmes et celle des moyens , on aura C B × B D + B C × C D = A B × A B + C A × C A. Donc le carré fait sur l'hypoténuse est égal à la somme de ceux qui sont construits sur les deux autres côtés. On peut faire sur les quantités proportionnelles affectées à chacun des côtés de la figure les opérations ci-dessus , et on aura le résultat indiqué par les lettres.

221. *Que concluez-vous de toutes ces démonstrations ?*

Qu'une figure quelconque qui aura l'hypoténuse pour un de ses côtés , sera toujours égale à la somme des deux autres figures semblables construites sur les côtés de l'angle droit. Les cercles étant des figures semblables , celui qui aura l'hypoténuse pour diamètre ou pour rayon sera toujours égal en superficie aux deux autres, qui auront les côtés de l'angle droit pour diamètre ou pour rayon.

SECTION II.

Usage de la propriété du Triangle rectangle.

222. *A quoi peut servir la propriété du triangle rectangle ?*

1º A faire connaître l'un des côtés d'une figure égale en superficie à la différence de deux autres figures semblables ;

2º A trouver le côté d'une figure égale en superficie à un certain nombre d'autres figures semblables ;

3º A trouver la longueur proportionnelle du côté homologue d'une figure qui doit avoir un rapport quelconque avec une autre, et lui être semblable ;

4º A élever une perpendiculaire à l'extrémité d'une ligne.

223. *Que faut-il faire pour construire un triangle équilatéral égal en superficie à la différence de deux triangles équilatéraux donnés A et B, fig. 136 ?*

Tirer une ligne I M égale à la longueur de l'un des côtés G D du triangle A ; du milieu L de la ligne I M décrire la demi-circonférence ; porter la longueur de l'un des côtés du triangle B, de M au point qu'elle rencontre sur la circonférence, en N, par exemple, et tirer N I : cette dernière ligne sera le côté du triangle demandé, puisque le carré de M I vaut le carré de N I, plus le carré de N M.

Si l'on demandait un carré égal à la différence de deux autres, on opèrerait de la même manière.

Si l'on demandait un cercle égal en surface à la différence de deux cercles donnés, on opèrerait sur les diamètres comme on vient de le faire sur les côtés des triangles.

224. *Etant donnés , les côtés homologues* A , B , C , D *d'un certain nombre de figures semblables , que faut-il faire pour déterminer une droite qui soit le côté d'une autre figure semblable , et qui les égale , toutes en superficie ?*

Tirer deux lignes indéfinies I Q , I R , *fig.* 137, formant un angle droit; porter la ligne A de I en M , et la ligne B de I en N ; mener l'hypoténuse M N , elle sera le côté d'une figure semblable et égale en superficie aux deux premières ; porter M N , de I en O , la ligne C de I en P , et tirer P O , elle sera le côté d'une figure semblable et égale en superficie aux trois premières ; enfin porter P O , de I en Q , D de I en R , et mener l'hypoténuse R Q , elle sera le côté cherché.

Si l'on avait un plus grand nombre de côtés donnés, on continuerait la même opération.

S'il s'agissait de trouver le rayon d'un cercle , ou le côté d'un polygone régulier, égal en superficie à d'autres semblables , on opèrerait de la même manière.

Cette opération et les précédentes sont prouvées par ce qui a été démontré (N° 217).

225. *Que faut-il faire pour élever une perpendiculaire à l'extrémité d'une ligne par la propriété du triangle rectangle ?*

Prendre sur la ligne A B , *fig.* 138 , cinq parties égales ; du point A , et d'une ouverture de compas égale à trois divisions A E , décrire un arc en C ; du point D et d'un rayon A B en décrire un autre qui coupe le premier ; mener A C , elle sera la perpendiculaire demandée. En effet, A C ayant trois parties , son carré est 9 , celui de A D est de 16 , ensemble 25; mais le carré de C D est aussi 25 : donc l'angle A est droit , et la ligne A C est perpendiculaire.

226. *Comment trouverait-on la longueur que devrait avoir une échelle servant à monter à un mur d'une hauteur connue et défendu par un fossé d'une largeur aussi connue ?*

Il faudrait ajouter le carré de la hauteur du mur à celui de la largeur du fossé, et tirer la racine carrée de la somme, elle serait la longueur de l'échelle.

227. *Comment peut-on obtenir la surface du segment* B I D O *et du croissant ou lunule* B O D E, *fig.* 139?

Pour avoir la surface du segment, il faut retrancher celle du triangle B I D C de celle de la moitié B O D C B du demi-cercle B O D A B. La surface de la lunule est égale à celle du triangle B I D C : car l'angle D·B A étant droit, le demi-cercle fait sur l'hypoténuse D A est égal aux deux demi-cercles égaux faits sur les deux autres côtés ; ainsi le demi-cercle B O D A B de l'hypoténuse est double du demi-cercle fait sur B D : donc la moitié du demi-cercle A B O D A, est égal au demi-cercle B E D I B ; mais le segment B O D I B est commun à ces deux dernières surfaces, par conséquent la lunule B O D E est égale au triangle B I D C.

Pour avoir la surface de la lunule O P R V, *fig.* 42, il faut évaluer la surface du secteur A O V R, en retrancher celle des triangles A O M, A M R, et l'excès de la surface du secteur M R P O sur le reste de cette opération sera la réponse.

Exercices.— Réduire plusieurs polygones semblables à un seul qui les égale tous en superficie, comme seraient plusieurs triangles en un seul ; des triangles, des carrés, etc., en un seul carré ou à un rectangle, etc.

SECTION III.

Autres Applications de la propriété du Triangle rectangle.

228. A *quoi peut encore servir cette propriété du triangle rectangle ?*

A trouver la hauteur et par conséquent la superficie

d'un triangle dont on connaît les trois côtés, le centre étant inaccessible.

229. *Que faut-il faire pour trouver la hauteur d'un triangle dont on connaît les trois côtés, mais dont le centre est inaccessible, comme serait le triangle* G H M, *fig.* 140?

Chercher un point N sur H M, de manière que le rayon visuel, répondant au sommet, fasse avec cette ligne un angle droit; retrancher le carré de M N de celui de G M; et la racine carrée du reste déterminera la hauteur de G N du triangle. (*Voyez* ARITHMÉTIQUE, page 366, *Quest.* 188.)

230. *Et si le point* G *n'était visible qu'aux extrémités* H *et* M?

On prendrait pour base le plus long côté; et après l'avoir mesuré, ainsi que les deux autres côtés, on ferait cette proportion : la base est à la somme des deux autres côtés, comme leur différence est à ce qu'il faut retrancher de la base, à partir de l'extrémité adjacente au plus long côté, pour que le milieu du reste soit le point où tombe la perpendiculaire. Pour avoir sa longueur, on opèrerait comme il a été dit ci-dessus.

Pour comprendre la raison de cette règle, décrivez la circonférence O M R d'un rayon égal à G M; prolongez H G jusqu'en R, les sécantes H R et H M seront coupées par les arcs concaves et convexes en raisons réciproques, c'est-à-dire qu'on aura H M : R H ou M G plus G H : : O H : H P, c'est-à-dire ce qu'il faut retrancher de la base, à partir du point H, pour que le milieu N du reste soit le point où tombe la perpendiculaire.

On pourrait aussi chercher sur la base ou sur son prolongement deux points où les angles G M H et G H M fussent égaux, le milieu entre les points de repos serait celui de la perpendiculaire.

CHAPITRE XXII.

MANIÈRE DE CONSTRUIRE LES FIGURES SEMBLABLES DANS UNE
PROPORTION DÉSIGNÉE.

*231. Que *faut-il faire pour construire un polygone*
semblable et égal à un autre, par exemple au pen-
tagone, fig. 141 ?

De l'un quelconque A de ses angles, tirer des
diagonales A C, A D qui le partagent en triangles ;
tirer ensuite F G, *fig.* 142, égale à C B ; construire sur
cette droite un triangle F G H, égal à C B A ; sur F H
construire un autre triangle F I H, égal à C D A ;
enfin sur I H en construire un autre I J H semblable à
D E A, qui termine le pentagone semblable à la figure
donnée.

* 232. *Comment peut-on construire un polygone*
semblable à un autre, mais plus grand, ou plus petit,
dans une proportion quelconque. Par exemple, un penta-
gone qui soit double d'un pentagone donné V G H I Y,
fig. 143 ?

Les contours des figures semblables étant entre eux
comme les carrés de leurs côtés homologues, il est
visible qu'on ne doit pas donner à la figure demandée
des côtés doubles de la figure donnée, car alors on
aurait une surface quadruple de la première ; le côté
de l'une étant l'unité, son carré est un ; celui de la
seconde étant de deux parties, son carré serait quatre.
Soit par exemple le triangle A B C, *fig.* 145 : si l'on
prolonge les côtés A C, B C d'une longueur égale à
celle qu'ils ont ; qu'on joigne les points D et E ; qu'on
mène A F parallèle à C D et B F parallèle à A C, on
aura quatre triangles égaux. On le démontrerait de
même d'un carré, etc. Pour résoudre le problème 232,
il faut donc employer la méthode suivante :

Tirer une ligne indéfinie A B, *fig.* 144 ; porter
dessus trois parties égales, mais d'une longueur arbitraire A C, C E, E I ; élever la perpendiculaire C K
à la première division ; sur la longueur totale A I décrire la demi-circonférence et tirer A K, I K ; enfin,
porter la longueur V Y de l'un des côtés de la figure donnée de K en L ; de ce point mener L M parallèle à A B,
elle déterminera K M pour la longueur Z Y que doit
avoir le côté de la figure cherchée homologue à V Y.
Ceci est clair ; car à cause des parallèles A I, L M on a
cette proportion, K M : K L : : K I : K A ; mais dans le
triangle rectangle K A I le carré de K I est au carré
de K A comme le segment I C est au segment A C :
donc K M × K M : K L × K L :: C I : A C ; mais K L
= V Y ; donc le polygone construit sur Z Y, qui est
égale à K M : la figure semblable construite sur V Y,
qui est égale à K L :: C I : C A.

Pour construire la figure demandée, il ne s'agit plus
que de prolonger les diagonales Y G et Y H ; et de mener Z X parallèle à V G ; X T parallèle à G H, et T L
parallèle à H I. Si la ligne donnée V Y était descendue
au-dessous de A, en O, par exemple, on aurait mené
O P parallèle à A B, et la partie K P aurait été la longueur cherchée.

Si le pentagone cherché ne devait être que la moitié
de celui qui est donné, l'opération serait la même, mais
il faudrait porter le côté pris pour terme de comparaison de K en M, et la partie K L serait le côté cherché.

* 233. *S'il était question de faire une figure dont les
rapports fussent, par exemple, les quatre cinquièmes
d'une figure donnée, que faudrait-il faire ?*

On prendrait neuf parties sur la ligne A B, et on
élèverait la perpendiculaire à la quatrième division ;
si elle devait en être les deux tiers, on porterait
cinq parties, et on élèverait la perpendiculaire à la
deuxième division ; le reste de l'opération comme ci-
dessus. En général, on prend autant de parties que
les deux termes de la fraction font d'unités, et la per-

pendiculaire représente la ligne qui sépare le numérateur d'avec le dénominateur. S'il s'agissait d'un cercle, on se servirait des diamètres ou des rayons pour faire l'opération indiquée.

* 234. *Que faut-il faire pour construire un polygone a b c d e, fig. 146, semblable à un autre* A B C D E, *mais dont la longueur du périmètre est donnée par la longueur de la ligne* P Q, *fig.* 147?

Tirer une ligne indéfinie R S, *fig.* 147, sur laquelle il faut porter les longueurs A, B, C, D et E de la figure donnée; faire avec cette ligne et la ligne P Q un angle quelconque; joindre les deux extrémités par la ligne S T, et mener les parallèles par les points de divisions; les parties *a, b, c, d* et *e*, correspondantes à A, B, C, D et E, seront les côtés homologues de la figure demandée.

L'exactitude de cette opération se comprend facilement, les figures semblables étant entre elles comme le carré de leurs périmètres ou de leurs côtés homologues (N° 214); or, à cause des parallèles on a, R S : R T :: E S : *e* T ; R S : R T :: D E : *d e*, etc.

Exercices. — Construire un triangle, un cercle ou un polygone quelconque d'une superficie double, triple, etc., d'un autre polygone semblable;

Construire un triangle, un carré, etc., qui n'ait en superficie que les trois quarts, les deux tiers, etc., d'un autre semblable.

CHAPITRE XXIII.

DES PLANS.

235. Qu'appelle-t-on *plan?*

C'est une surface sur laquelle on peut appliquer, en tout sens, une règle bien droite.

236. *Quand est-ce qu'une droite* A B *est dans un plan* C D, *fig.* 148?

C'est lorsque tous ses points se confondent avec le plan.

237. *Que forme l'intersection de deux plans* CD, F G, *fig.* 149, *qui se coupent?*

Une ligne droite. Cela est évident ; car si l'on joint, par une droite, deux points quelconques A et B, pris sur leur intersection, cette ligne se trouve tout entière dans l'intersection même : donc l'intersection de deux plans forme une ligne droite.

238. *Qu'en concluez-vous?*

Qu'on peut faire passer par une même droite une infinité de plans, comme on le voit à la figure 150, où les plans G H, E F, C D ont pour commune intersection la droite A B.

239. *Et si l'on donnait un point* I *hors de la droite, par où le plan dût aussi passer?*

Alors on ne pourrait faire passer par la droite A B qu'un seul plan, comme on le voit à la figure 150, parce que de tous les plans qui passent par A B, le plan C D est le seul qui passe par ce point I.

240. *Que résulte-t-il de là ?*

1° Qu'un plan est déterminé quand on connaît trois points A, I, B par où il doit passer ;

2° Qu'il est encore déterminé par deux droites A B, D C, *fig.* 154, qui se coupent : car le plan qui passera par l'une d'elles A B, et par un point D pris sur l'autre D C, passera dans la ligne entière, ayant l'intersection C de commun avec la droite A B ; or tous les points d'une droite sont dans la même direction ; donc deux droites qui se coupent déterminent un plan.

241. *Quand est-ce qu'une ligne* A B, *fig.* 151, *est perpendiculaire à un plan* F G ?

C'est lorsqu'elle ne penche ni vers un côté de ce plan, ni vers l'autre.

Il suit de là, 1° que la droite A B est perpendiculaire à toutes les lignes B E, B C, B O, etc, qu'on mène du point B dans ce plan ;

2° Que toutes les lignes I J , L N , perpendiculaires à ce plan, sont parallèles entre elles et à la ligne A B;

3° Qu'un plan C H , *fig.* 152, qui passe par une ligne A B perpendiculaire à un plan G E , est aussi lui-même perpendiculaire à ce plan ;

4° Que deux plans C D , F G , *fig.* 149 , perpendiculaires à un troisième H I , ont aussi leur commune section A B perpendiculaire à ce troisième plan.

242. *Comment appelle-t-on l'ouverture de deux plans* G H , G O, *fig.* 153 ?

Angle-plan : on l'appelle aussi inclinaison de l'un de ces plans à l'égard de l'autre.

243. *Quelle est la mesure d'un angle-plan ?*

C'est la même que la mesure de l'angle rectiligne B A C formé par deux droites, prise l'une, A B dans l'un des plans G H , et l'autre A C, prise dans l'autre, et qui sont toutes deux perpendiculaires à la commune section G I , et qui viennent aboutir en un même point A.

244. *Que concluez-vous de là ?*

1° Qu'un plan C H ,*fig.* 152 , qui tombe sur un autre plan G E, forme deux angles G C I , I C F qui, pris ensemble , valent 180 degrés ;

2° Que les angles formés par tant de plans qu'on voudra G H , E F , C D , *fig.* 150 , qui passent tous par une même droite , valent 360 degrés;

3° Que deux plans C D , G F, *fig.* 149 , qui se coupent , ont leurs angles opposés aux sommets égaux.

245. *Qu'appelle-t-on plans parallèles ?*

Ce sont ceux qui ne peuvent jamais se rencontrer à quelque distance qu'on les imagine prolongés F G , H I,*fig.* 154.

246. *Que résulterait-il si deux plans parallèles étaient coupés par un troisième ?*

Que les intersections A B, C D, *fig.* 155 , que ce troisième plan ferait avec les deux autres, seraient deux droites parallèles.

247. *Que résulterait-il si l'on faisait passer un plan par deux droites* A B, C D, *fig.* 154, *qui se coupent et qui sont parallèles à deux autres* S E, H J, *qui se coupent également?*

Que ce plan F G , déterminé par les deux premières, serait parallèle à celui H I que déterminent les deux autres.

248. *Qu'en concluez-vous ?*

Qu'on peut faire passer par deux droites A B, C D, *fig.* 156, qui ne se coupent point et qui ne sont point parallèles, deux plans parallèles entre eux : car on peut couper A B par une droite E F parallèle à C D , et C D par une autre droite G H parallèle à A B, et on a le cas précédent.

CHAPITRE XXIV.

DES SOLIDES ; LEUR DÉFINITION.

* **249.** Qu'appelle-t-on *solides ?*

Ce sont des figures qui ont les trois dimensions : la longueur, la largeur et l'épaisseur.

* **250.** *Quels sont les principaux solides?*

Ce sont le cube, le parallélipipède, le prisme, le cylindre, la pyramide, le cône et la sphère.

* **251.** *Qu'est-ce que le cube?*

C'est une figure qui offre un carré égal sur ses six faces ; *fig.* 157.

* **252.** *Qu'est-ce que le parallélipipède?*

C'est un cube allongé , *fig.* 158.

* **253.** *Qu'est-ce que le prisme?*

C'est un solide dont les deux bases opposées sont parallèles, et les côtés sont des parallélogrammes , *fig.* 159.

* **254.** *En distingue-t-on de plusieurs sortes?*

On distingue le prisme triangulaire, quadrangulaire, etc. , selon le polygone qui sert de base.

* 255. *Qu'appelle-t-on cylindre ?*

C'est un solide qu'on nomme vulgairement rouleau, terminé par deux cercles égaux et parallèles, *fig.* 160. Il est oblique lorsque le côté est incliné à l'égard de la base, *fig.* 161 ; il est tronqué lorsque le cercle supérieur n'est pas perpendiculaire au côté du cylindre , *fig.* 162.

* 256. *Qu'est-ce qu'une pyramide ?*

C'est un solide dont la base est un polygone rectiligne quelconque, et le sommet un point, *fig.* 163. La figure 164 est une pyramide inclinée ou oblique.

* 257. *Qu'appelle-t-on cône ?*

C'est un solide dont la base est une circonférence et le sommet un point, *fig.* 165. Le cône est droit lorsque la ligne I J qui descend du sommet sur le centre du cercle de la base lui est perpendiculaire ; il est oblique ou incliné si cette même ligne est oblique à la base , *fig.* 166.

258. *En combien de manières peut-on couper le cône droit ?*

En cinq : c'est ce qu'on appelle les sections coniques.

259. *Quelles sont ces manières ?*

1° Parallèlement à la base , *fig.* 167, c'est le cône tronqué ; la section donne le cercle A.

2° Obliquement à la base, *fig.* 168, la section donne l'ellipse A.

3° Perpendiculairement à la base, passant par le sommet, *fig.* 169 ; la section présente le triangle B.

4° Perpendiculairement à la base , passant par le côté incliné du cône, *fig.* 167 , cette section présente une hyperbole B.

5° Parallèlement au côté , *fig.* 168 , cette section présente une parabole B.

* 260. *Qu'est-ce que la sphère, qu'on appelle aussi boule ou globe ?*

C'est un solide , *fig.* 174 , dont tous les points de la surface sont également éloignés d'un point A , situé dans son intérieur , qu'on nomme centre.

* 261. *Quels sont les noms qu'on donne aux différentes lignes qui se trouvent dans la sphère ?*

On nomme axe le diamètre B A L ou I A J ; pôles, les extrémités des axes ; grands cercles, ceux dont les plans passent par le centre de la sphère , comme B C L D, B I L J ; et petits cercles, ceux E F G H, M O N P, dont le plan ne passe pas par le centre.

* 262. *Quelles sont les parties principales de la surface de la sphère ?*

Ce sont la zone , la calotte et le fuseau sphérique.

* 263. *Qu'est-ce que la zone ?*

C'est une partie quelconque de la surface de la sphère A B, *fig,* 175 , comprise entre deux cercles ou plans parallèles.

* 264. *Qu'est-ce que la calotte sphérique ?*

C'est une partie C de la surface de la sphère , coupée par un petit cercle quelconque : le solide qu'elle enveloppe se nomme segment extrême.

* 265. *Qu'appelle-t-on fuseau sphérique ?*

C'est une partie de la surface de la sphère comprise entre deux demi-grands cercles D B E , D G E , *fig.* 175, qui se terminent à un diamètre commun D F E.

* 266. *Quelles sont les principales parties solides considérées dans la sphère ?*

Ce sont le segment , le coin ou onglet sphérique , le secteur et les cinq polyèdres.

* 267. *Qu'appelle-t-on segment sphérique ?*

C'est une partie solide quelconque A B , *fig.* 175 , de la sphère, comprise entre deux plans parallèles, ou autrement le solide enveloppé par la zone.

* 268. *Quelle est la hauteur de la zone et du segment sphérique ?*

C'est la distance I J des deux plans qui les comprennent.

*269. *Qu'appelle-t-on coin ou onglet sphérique ?*

C'est une partie solide quelconque de la sphère comprise entre deux demi-cercles D B E et D G E, *fig.* 175, qui se terminent à un diamètre commun D F E : il a pour base le fuseau sphérique.

*270. *Qu'appelle-t-on secteur sphérique ?*

C'est une portion de la sphère semblable à un cône A E F G H, *fig.*174, qui a son sommet A au centre de la sphère, et dont la base E F G H est une calotte sphérique.

*271. *Quels sont les cinq polyèdres considérés dans la sphère ?*

Ce sont : le tétraèdre, l'hexaèdre, l'octaèdre, le dodécaèdre et l'icosaèdre.

*272. *Qu'est-ce que le tétraèdre ?*

C'est un solide dont la surface présente quatre triangles équilatéraux, *fig.* 176.

*273. *Qu'appelle-t-on hexaèdre ?*

C'est un solide dont la surface présente six carrés égaux, *fig.* 177.

*274. *Qu'est-ce que l'octaèdre ?*

C'est un solide dont la surface présente huit triangles équilatéraux, *fig.* 178.

*275. *Q'appelle-t-on dodécaèdre ?*

C'est un solide dont la surface présente douze pentagones égaux et réguliers, *fig.* 179.

*276. *Qu'est-ce que l'icosaèdre ?*

C'est un solide dont la surface présente vingt triangles équilatéraux, *fig.* 180.

Exercices. — Copier dans une autre dimension les figures 157, 158, 159, 160, 163, 165 et 174, sans les ombrer.

CHAPITRE XXV.

SURFACE DES SOLIDES. (*Voy.* ARITH., *pag.* 322.)

277. COMMENT *trouve-t-on la surface du cube*, *fig.* 157 ?

En multipliant la longueur de l'une de ses arêtes A D par elle-même, et prenant le produit six fois ; ce solide ayant six faces égales, il est clair que pour en avoir la surface il faut prendre six fois la superficie de l'une d'elles (N° 174).

278. *Comment trouve-t-on la surface du parallélipipède ?*

En multipliant la longueur A B C D, *fig.* 158 , du contour, par la longueur B E de l'objet, on a la surface du parallélipipède , non compris celle des bases qu'on évalue comme le carré ou le rectangle.

279. *Comment obtient-on la surface du prisme ?*

En multipliant la longueur d'une arête A B, *fig.*159, par le contour A C D du prisme , on en a la surface , non compris celle des bases qu'on évalue par la méthode des polygones.

280. *Comment trouve-t-on la surface d'un cylindre droit ou oblique ?*

Le cylindre pouvant être considéré comme un prisme d'une infinité de côtés, on aura sa surface en multipliant le contour de sa base A B C D, *fig.* 160 et 161, par sa hauteur A E ; les surfaces des bases s'évaluent séparément.

281. *Si le cylindre était tronqué obliquement à sa base, fig. 162 , c'est-à-dire, si les bases n'étaient pas parallèles, que faudrait-il faire ?*

On prendrait la hauteur moyenne qu'on multiplierait par le contour du cylindre ; quant aux bases , l'une serait une ellipse A et l'autre un cercle B.

4.

282. *Comment trouve-t-on la surface d'une pyramide ?*

Si elle est régulière, comme la *fig.* 163, on multiplie le contour A B C D E F de sa base par la moitié de la hauteur I J de l'un des triangles que forment ses côtés; si elle est irrégulière, comme la *fig.* 164, on évalue séparément ses côtés comme des triangles.

283. *Comment trouve-t-on la surface du cône, fig.* 165 ?

La surface du cône pouvant être considérée comme composée d'une infinité de triangles dont les bases composent sa circonférence, et dont les sommets se réunissent à celui de ce solide, on aura sa surface en multipliant la longueur de sa circonférence A B C D par la moitié de la longueur du côté A I; s'il est tronqué parallèlement à la base, *fig.* 167, il faut ajouter ensemble la circonférence des deux cercles A et E, en prendre la moitié et la multiplier par la longueur du côté de l'objet, et y ajouter les surfaces des cercles si elles sont demandées.

284. *Que faut-il faire pour avoir la surface de la sphère ?*

Multiplier la longueur de l'un de ses grands cercles B D L C, *fig.* 174, par l'axe ou le diamètre B L. D'après cela on voit que la surface de la sphère est égale à celle d'un cylindre dont la hauteur et le diamètre sont égaux à l'axe de la sphère.

285. *Comment obtient-on la surface d'une zone quelconque* A B , *fig.* 175 ?

En multipliant la circonférence d'un grand cercle de la sphère, par la hauteur I J de la zone; celle de la calotte s'obtient de la même manière.

286. *Et pour avoir celle du segment sphérique, que faut-il faire ?*

Il faut ajouter la surface des cercles formés par les plans de section à celle de la zone; et pour le segment extrême, il faut ajouter la surface du plan de section à celle de la calotte.

287. *Que faut-il faire pour avoir la surface du fu-seau sphérique?*

Multiplier l'arc B G , *fig.* 175 , qui le partage en deux triangles sphériques égaux, par le diamètre D E.

288. *Comment trouve-t-on la surface du coin ou onglet sphérique ?*

En ajoutant à celle du fuseau qui lui sert de base la superficie d'un grand cercle de la sphère à laquelle il appartient.

289. *Que faut-il faire pour avoir la surface du secteur sphérique ?*

Multiplier la circonférence E H G F, *fig.* 174, qui le sépare de la sphère, par la moitié du rayon A G qui est la longueur de son côté, et y ajouter la surface de la calotte.

290. *Que faut-il faire pour avoir la surface d'un polyèdre régulier quelconque ?*

Après avoir évalué la superficie de l'une de ses faces par la méthode des polygones , on la prend autant de fois qu'elle est comprise dans le polyèdre.

Exercices.— Déterminer la surface des solides , *fig.* 157, 158 , 159 , 160 , 163 , 165 et 174 , d'après l'échelle, *fig.* 61, prise dans son second usage. (*V.* ARITH., *page* 324 , pour d'autres exercices.)

CHAPITRE XXVI.

SOLIDITÉ DES CORPS. (*Voy.* ARITH., *pages* 329 *et* 331.)

291. QU'EST-CE *que mesurer la solidité d'un corps ?*

C'est déterminer combien de fois il contient un autre corps pris pour unité de mesure. Par exemple la solidité du cube , *fig.* 157, sera déterminée , quand on saura combien de fois il contient le petit cube V , supposé que celui-ci soit l'unité de mesure.

292. *Comment obtient-on la solidité d'un cube ?*

En multipliant la surface de sa base A B E D par sa hauteur A F. Ceci est évident, car si l'on divise la base A B E D en carrés égaux à la base de l'unité de mesure V, ainsi que la surface supérieure, on pourra placer entre les divisions correspondantes quatre petits cubes B, L, N, J égaux à l'unité V ; or il est clair qu'on pourra former autant de colonnes semblables que la surface pourra contenir de fois la surface du carré pris pour terme de comparaison ; celle-ci en contenant 16, la solidité totale de ce corps contiendra donc 64 fois le petit cube ou l'unité de mesure : donc la solidité du cube est égale au produit de la surface de sa base par sa hauteur.

293. *Quelle est la solidité du parallélipipède ?*

Elle est égale à la superficie de sa base multipliée par sa hauteur. La démonstration est la même que pour le cube.

294. *Quelle est la solidité du prisme ?*

Le prisme triangulaire, *fig.* 159, peut être considéré comme la moitié d'un parallélipipède coupé suivant les arêtes D E, F C : or la solidité du parallélipipède est égale au produit de la surface de sa base par sa hauteur : donc la surface de la base du prisme, multipliée par sa hauteur, donnera sa solidité. Si les bases du prisme n'étaient pas parallèles comme la *fig.* 170, on prendrait le tiers de la somme de ses trois arêtes A B, C D, E F qu'on multiplierait par la surface d'une section I J L faite perpendiculairement aux arêtes (on obtient la surface de cette section en évaluant celle d'un triangle qui aurait les côtés égaux à ceux du prisme). On a par là une méthode bien facile d'évaluer la solidité des prismes tronqués irrégulièrement et qui ont une base plus composée, en les divisant en prismes triangulaires qu'on évalue à part, et dont on réunit les produits.

295. *Que faut-il faire pour avoir la solidité d'un cylindre droit ou oblique ?*

Multiplier la surface de sa base A B C D , *fig*. 160 et 161, par la hauteur A E , c'est-à-dire , par la perpendiculaire abaissée de la base supérieure sur le plan de la base inférieure ; car le cylindre peut être considéré comme un prisme qui a un cercle pour base.

La capacité d'un tonneau est égale à la solidité d'un cylindre de même longueur , et qui aurait pour diamètre les deux tiers de celui du bouge du tonneau , plus le tiers de celui de l'un des fonds , pris l'un et l'autre dans l'intérieur.

296. *Comment obtient-on la solidité d'une pyramide ?*

En multipliant la surface de sa base A B C D E F par le tiers de sa hauteur perpendiculaire I M, parce que la pyramide est le tiers d'un prisme de même base et de même hauteur. Soit le prisme triangulaire , *fig*. 171 ; que de l'angle A on mène aux angles B et C des droites A B , A C , et qu'on fasse passer un plan tranchant par ces diagonales, on aura deux pyramides , l'une triangulaire A B C D qui aura même base que le prisme , l'autre quadrangulaire A B C E F. Considérons ces deux sections à part ; la pyramide triangulaire , *fig*. 172 , est égale à la section A B C , *fig*. 171 , et la *fig*. 173 A B C E F est le restant du prisme. Si l'on coupe cette dernière figure suivant A B , A F, on aura deux nouvelles pyramides , A B F C , A B F E égales entre elles, puisqu'elles ont une base égale B C F , F B E, la diagonale F B partageant le rectangle B C E F en deux triangles égaux, et qu'elles ont aussi une même hauteur ; mais si nous plaçons en B le sommet de la pyramide A B E F, elle sera semblable à la première A B C D, puisqu'elles ont une hauteur égale A D, B E, et une base égale B C D , A E F ; ces trois pyramides sont donc égales entre elles et contiennent chacune le tiers du prisme. Donc la solidité d'une pyramide est égale au tiers d'un prisme de même base et de même hauteur ; mais la solidité du prisme est égale au produit de la surface de sa base par sa hauteur (N° 294) :

donc celle de la pyramide est égale au produit de la surface de sa base par le tiers de sa hauteur.

297. *Et si elle était tronquée parallèlement à sa base ?*

Pour déterminer le segment retranché, on ferait cette proportion, B C — bc : M L : : bc : L I, c'est-à-dire que le côté B C du tronc de la pyramide est à sa hauteur, comme le côté bc correspondant du segment retranché est à la hauteur L I de ce segment : en réunissant cette hauteur à celle du tronc, on a alors la hauteur totale de la pyramide, dont on évalue la solidité, et on en retranche celle de la petite pyramide que forme le segment be I, et on a la solidité de la pyramide tronquée.

298. *Que faut-il faire pour avoir la solidité du cône, fig.* 165 ?

Multiplier la surface de sa base A B C D, par le tiers de sa hauteur perpendiculaire J I ; parce que le cône peut être considéré comme une pyramide qui a un cercle pour base.

Le cône tronqué, *fig.* 167, s'évalue d'une manière analogue à celle qu'on a donnée pour celle de la pyramide qui se trouve dans le même cas, en prenant pour premier terme de la proportion le diamètre de la base moins celui de la section, pour second la hauteur du tronc, et pour troisième le diamètre de la section.

299. *Quelle est la solidité d'une sphère ?*

C'est le produit de sa surface par le tiers de son rayon ; parce qu'elle peut être considérée comme composée d'une infinité de pyramides qui ont la surface de la sphère pour base, et tous les sommets réunis au centre.

300. *Comment obtient-on la solidité d'un secteur sphérique* A E F G H, *fig.* 174?

En multipliant la surface de la calotte E G F H par le tiers du rayon A I ; car il peut être considéré comme un cône qui a la calotte sphérique pour base.

301. *Que faut-il faire pour avoir la solidité d'un segment sphérique quelconque* A B, *fig.* 175 ?

Il faut multiplier la moitié de la somme de ses bases par sa hauteur, et y ajouter la solidité d'une sphère qui aurait la hauteur I J du segment pour axe.

302. *Comment obtient-on la solidité du coin ou onglet sphérique* B D G E, *fig.* 175 ?

En multipliant la surface du fuseau qui lui sert de base par le tiers de son rayon F E ; car on peut le considérer comme composé d'une infinité de pyramides qui ont leurs sommets réunis au centre de l'angle tranchant du coin, et dont les bases composent le fuseau sphérique.

303. *Que faut-il faire pour avoir la solidité d'un polyèdre régulier quelconque ?*

Multiplier sa surface par le tiers du rayon considéré depuis son centre jusqu'au milieu de l'une de ses faces. Ainsi, pour avoir la solidité du dodécaèdre, *fig.* 179, il faudrait multiplier sa surface totale par le tiers du rayon A B.

Ceci est évident, tout polyèdre pouvant être considéré comme composé d'autant de pyramides qu'il a de faces, dont les sommets vont aboutir au centre du solide. Or la solidité d'une pyramide est égale au produit de sa base par le tiers de sa hauteur (N° 296) : donc celle d'un polyèdre quelconque est égale au produit de sa surface par le tiers du rayon mené au centre de l'une de ses faces, et qui détermine la hauteur perpendiculaire de chacune des pyramides dont le polyèdre est composé.

304. *Comment pourrait-on obtenir la solidité des corps irréguliers, comme seraient une pierre, une chaîne, etc. ?*

En les plongeant dans un vase contenant assez d'eau pour couvrir entièrement l'objet ; la quantité d'eau déplacée marquerait le cube dudit objet.

305. *Quel est le rapport des solides semblables ?*

Les solides semblables sont entre eux comme le cube de leurs lignes homologues.

306. *Quelle opération faudrait-il faire pour couper une pyramide ou un cône de manière à en avoir une partie quelconque, comme la moitié, le tiers, etc.?*

Soit un cône d'un pied de haut dont on veut avoir la moitié; faites cette proportion, 1 : $\frac{1}{2}$ :: le cube de 12 pouces : cube de la hauteur, à partir du sommet, où doit passer le plan tranchant.

307. *Étant données, en nombre, la surface ou les dimensions de la base d'un prisme, d'un paralléli-pipède, d'un cylindre, d'un cône, d'une pyramide, que faut-il faire pour les construire de manière à leur donner une solidité déterminée?*

Pour le prisme et le parallélipipède, il faut diviser la solidité déterminée par la surface de la base ou le produit des dimensions données, le quotient donnera l'autre.

Pour le cylindre, le cône et la pyramide, il faut aussi diviser la solidité donnée par la surface de la base, qu'il faut chercher si elle n'est pas donnée; le quotient donnera la hauteur du cylindre et le tiers de celle du cône et de celle de la pyramide.

S'il s'agissait du cube, la racine cubique de la solidité donnée serait la longueur du côté demandé.

Exercices. — Déterminer la solidité des corps, *fig.* 157, 158, 159, 160, 163, 165, et 174, d'après une échelle donnée. (*Voyez* ARITH., pag. 329, pour d'autres exercices.)

CHAPITRE XXVII.

DES POLYÈDRES.

SECTION PREMIÈRE.

Construction des Polyèdres réguliers.

308. Que *faut-il faire pour construire un tétraèdre régulier ?*

Supposé qu'on ait donné le triangle équilatéral A , *fig.* 176, pour l'une des faces du polyèdre demandé ; il faut au centre A de ce triangle élever une perpendiculaire et mener de l'un quelconque B de ses angles, une droite égale à l'un des côtés du triangle, et son intersection E avec la perpendiculaire indiquera le point où il faudra mener des droites à partir des autres angles pour terminer le tétraèdre.

309. *Comment construit-on l'hexaèdre ?*

Supposé qu'on ait donné le carré A B C D , *fig.* 177, pour l'un des côtés de ce solide ; il faut sur chacun de ses côtés A B, B C, C D, D A construire perpendiculairement un carré égal au proposé, et on a l'hexaèdre demandé.

310. *Que faut-il faire pour construire un octaèdre régulier ?*

Soit donné le triangle B , *fig.* 178 , pour l'un des côtés de ce polyèdre ; il faut construire un carré A C D E, dont la longueur des côtés soit égale à celle de ceux du triangle ; au milieu I de ce carré , mener perpendiculairement au-dessus et au-dessous deux droites, chacune égale à la moitié de la diagonale de ce même carré ; de tous ces angles mener des droites A J, C J, D J, E J à l'extrémité J de la perpendiculaire I J ; en conduire aussi à l'extrémité L de la perpendiculaire I L , et on a l'octaèdre demandé.

311. *Que faut-il faire pour construire le dodécaèdre ?*

Supposé qu'on ait donné le pentagone régulier A , *fig.* 179, pour l'une des faces de la figure demandée ; il faut à chacun de ses angles tirer des droites C, D, E, F , G perpendiculaires aux côtés opposés à ces angles, et chacune égale à la moitié de l'un de ces côtés ; aux extrémités C , D , E , F, G de ces lignes élever des perpendiculaires au plan du pentagone donné ; mener , des angles de cette même figure , des droites égales à ces côtés jusqu'à la rencontre des perpendiculaires , elles seront les arêtes des autres pentagones construits sur les côtés du plan proposé et dans l'inclinaison nécessaire ; cette construction donne la moitié du dodécaèdre. L'autre partie se construit de la même manière sur un pentagone égal au premier , après quoi on les réunit , et leur ensemble ne forme qu'une seule surface continue , remplissant les conditions de la demande.

312. *Comment construit-on l'icosaèdre ?*

Supposé qu'on ait donné le triangle A , *fig.* 180 , pour l'une des faces de l'icosaèdre demandé ; il faut décrire un pentagone régulier B , C ,D , E , F dont les côtés soient égaux aux côtés de ce triangle ; élever une perpendiculaire A I au milieu A de ce pentagone , et de chacun de ses angles mener à cette perpendiculaire des droites B I , C I , D I , E I , F I , chacune égale aux côtés du triangle donné: cette construction donne le quart du polyèdre demandé. Trois autres constructions semblables fourniront les autres parties de l'icosaèdre , qu'on assemble ensuite sans difficulté.

Exercices. — On pourrait faire construire , en carton , les figures précédentes.

SECTION II.

Coupe des Polyèdres réguliers.

313. Que *faut-il observer avant que de tailler un polyèdre quelconque ?*

Avant que de déterminer les plans de sa surface, il faut faire une boule de l'objet à tailler.

314. *Que faut-il faire pour déterminer les coupes du tétraèdre ?*

Sur un diamètre A B , *fig.* 176 , égal à l'axe de la boule, décrire une circonférence et la partager en quatre parties égales par deux diamètres croisés perpendiculairement ; de l'extrémité B du diamètre A B et d'un rayon égal à B C décrire l'arc C E ; mener par le point E , F G parallèle à C D ; et sur F G , comme diamètre, décrire une circonférence qu'il faut partager en trois parties égales.

Il faut porter ensuite sur la boule B D F , une ouverture de compas B E égale à l'une des cordes F J qui sous-tend l'arc F N J ; des deux points B et E , et toujours de la même ouverture de compas ; décrire des arcs qui se coupent en F ; des points E et F en décrire d'autres qui se coupent en D : les points B , E , F détermineront la première coupe ; les points E , F , D la deuxième ; les points B , E , D la troisième ; et les points B , F , D la dernière.

315. *Comment détermine-t-on la coupe de l'hexaèdre ?*

On partage en quatre parties égales une circonférence , *fig.* 177 , décrite sur un diamètre A B égal à l'axe de la boule à tailler ; de l'extrémité B du diamètre A B , et d'un rayon égal à B C , on décrit l'arc C E ; on porte E I de A en J , et on mène par le point J la corde L N perpendiculairement à A B ; du point D on décrit l'arc N O M , et on tire la corde N M qui est

la longueur des arêtes de l'hexaèdre, et N L la diagonale.

Ensuite, pour déterminer la première coupe, on
porte sur la boule une ouverture de compas A D
égale à N M ; de l'un de ces points A , et d'un même
rayon, on décrit un arc en R ; du point D , et d'un
rayon égal à N L , on coupe l'arc R , et les trois points
A , D , R déterminent la première coupe de l'hexaèdre. Pour déterminer la deuxième coupe, à partir des
points A et R , on cherche un troisième point B de la
même manière que R ; et les trois points A , B , R la
déterminent. Toutes les autres coupes se trouvent de
la même manière.

316.   *Comment détermine-t-on les coupes de l'octaèdre, fig.* 178 ?

Après avoir partagé une circonférence en quatre
parties égales A C , C D , D E , E A décrite sur un diamètre égal à l'axe de la boule donnée, on portera sur
cette boule une ouverture de compas égale à l'une de
ces divisions C D; des points C et D, et de la même ouverture de compas, on décrira des arcs qui se couperont en
J, et ces trois points C, D, J détermineront la première
coupe de l'octaèdre. Pour déterminer la deuxième
coupe , des points D et J , on décrira des arcs en E ;
pour déterminer la troisième , des points J et E , on en
décrira en A ; les points J , A , C détermineront la quatrième. Pour déterminer les autres coupes, des points
C et D, on décrira des arcs en L, et les points C, D, L
seront pour la cinquième coupe; les points D , E , L
pour la sixième ; les points E, A , L pour la septième,
et A, C, L pour la dernière.

317. *Que faut-il faire pour déterminer les coupes
du dodécaèdre, fig.* 179 ?

Il faut décrire une circonférence H I J d'un rayon
égal à la neuvième partie d'une circonférence décrite
sur un diamètre A B égal à l'axe de la boule donnée ; partager cette circonférence en cinq parties égales ; tirer la corde J H ; porter ensuite sur la boule une

ouverture de compas égale à I J de L en M ; de ces points et d'une ouverture égale à I H , décrire des arcs en N ; ces trois points détermineront la première coupe du dodécaèdre. Partager ensuite cette face en cinq parties égales. Des points M et O et d'une ouverture de compas égale à I H , décrire des arcs qui se coupent en P ; des points L et M en décrire d'autres qui se coupent en Q ; des points L et R d'autres qui se coupent en S ; et ainsi de suite sur tous les côtés : les points M , O , P détermineront la deuxième coupe du polyèdre ; les points L , M , Q la troisième ; L , R , S la quatrième , etc. Pour déterminer les autres coupes , il faut partager ces dernières comme la première en cinq parties, sur lesquelles on opèrera comme on vient de faire sur les premières divisions , et ainsi de suite.

318. *Comment détermine-t-on les coupes de l'icosaèdre , fig.* 180 ?

Après avoir décrit une circonférence sur un diamètre M N égal à celui de la boule, et l'avoir partagée en quatre parties égales ; du point M on décrit l'arc O R ; du point R l'arc O P , et on tire la corde O P sur laquelle , comme diamètre , on décrit un cercle qu'on partage en trois parties égales.

Ensuite on portera sur la boule une ouverture de compas égale à l'une O T de ces parties , par exemple de B en F ; de ces points et d'une ouverture de compas égale à la première , on décrira des arcs en I , et les trois points B , F , I détermineront la première coupe de l'icosaèdre ; des ponts I , F on en décrira en E ; de B et F on en décrira en G ; des points I et B on en décrira d'autres en C : les points I , F , E détermineront la seconde coupe ; les points B , F , G la troisième ; et les points I , B , C la quatrième. Des points I , E on déterminera les coupes I E D , I C D ; de E , F on déterminera les coupes H E F , F H G ; et de G , B les autres coupes B G L , B L C. C'est en suivant ce procédé qu'on obtiendra les autres coupes qui termineront l'icosaèdre.

SECTION III.

Autre manière de déterminer la coupe des Polyèdres.

319. Comment *peut-on encore déterminer la coupe des polyèdres ?*

En décrivant sur la boule des cercles qui déterminent les limites de chaque coupe.

320. *Comment peut-on déterminer les coupes du tétraèdre par des cercles ?*

Après avoir partagé en quatre parties égales une circonférence d'un diamètre égal à celui de la boule à tailler, *fig.* 181, on décrit de l'extrémité B de l'un des diamètres A B, et d'un rayon égal à B C, l'arc C E ; par le point E on mène F G parallèle à C D, et on tire la corde A F.

Ensuite d'un point quelconque E, pris sur la boule, et d'un rayon égal à F A, on décrit le cercle B F D qui détermine la première coupe du tétraèdre. Pour déterminer les trois autres coupes, on partage le cercle B F D en trois parties égales ; des points B et F, et toujours d'un rayon égal à F A, on décrit des arcs qui se coupent, et de leur intersection on décrit un autre cercle qui détermine la deuxième coupe ; des points F et D on détermine la troisième coupe comme la précédente, et la quatrième à partir des points B et D.

321. *Que faut-il faire pour déterminer les coupes de l'hexaèdre, fig.* 182 ?

Après avoir partagé en quatre parties égales une circonférence décrite sur un diamètre égal à l'axe de la boule, il faut d'un rayon égal à B C décrire l'arc C E et porter E I de A en J ; mener par le point J la corde L N parallèle à C D, et tirer la corde A L.

Ensuite, à partir d'un point quelconque A de la boule, et d'un rayon égal à A L, il faut décrire un cercle qui détermine la première coupe de l'hexaèdre ;

partager le cercle qui détermine la première coupe
en quatre parties égales ; pour déterminer la deuxième,
à partir des points N et J et d'un rayon égal à celui
du premier cercle décrit, il faut tracer des arcs qui
se coupent en P, et de leur intersection, et toujours
de la même ouverture de compas, décrire le cercle
N J ; la troisième se trouve de la même manière, en
cherchant le centre du cercle à partir des points J et I;
la quatrième, à partir des points I et O ; la cinquième,
à partir des points O et N ; et la dernière est déterminée par les précédentes.

322. *Comment détermine-t-on la coupe de l'octaèdre, fig.* 183 ?

Après avoir partagé en quatre parties égales une
circonférence décrite sur un diamètre C D égal à
celui de la boule, on construit un triangle équilatéral sur la corde A D qui joint deux points de division ; on lui circonscrit une circonférence A B D ; on
porte son diamètre B I sur la première circonférence
décrite, par exemple de H en L ; on partage l'arc
qu'il sous-tend en deux parties égales, et on tire la
corde H N.

Ensuite, d'un point quelconque A pris sur la boule,
on décrit un cercle R S T U d'un rayon égal à N H; on
le partage en quatre parties égales, et de chaque point
de division R, S, T, U et d'un rayon égal à celui du
premier cercle tracé, on en décrit quatre autres qui
déterminent les quatre premières coupes de l'octaèdre.
A partir des intersections des cercles V et X, et toujours
d'un même rayon, on décrit des arcs dont l'intersection donne le centre du cercle qui détermine la cinquième coupe ; des points Y et Z, on cherche de la
même manière le centre du cercle qui en détermine
la sixième ; les centres des cercles qui déterminent les
dernières coupes se trouvent de la même manière.

323. *Que faut-il faire pour déterminer les coupes
du dodécaèdre, fig.* 184 ?

Décrire une circonférence A B C D, d'un rayon égal

à la corde de la neuvième partie d'une circonférence décrite sur un diamètre M I égal à l'axe de la boule ; porter le diamètre A C de A en B ; partager l'arc qu'il sous-tend en deux parties égales , et tirer la corde I B.

Ensuite , d'un point quelconque J de la boule , et d'un rayon égal à I B , décrire un cercle , le partager en cinq parties égales ; à partir de deux points de division consécutifs L , V , et d'un rayon égal à celui du premier cercle tracé , décrire des arcs qui se coupent en O ; de cette intersection , et toujours de la même ouverture de compas , décrire le cercle qui passe par les points L et V ; déterminer de la même manière celui qui passe par les points L et N , ainsi que les autres. Il faut opérer ensuite sur chacun des autres cercles comme on a fait sur le premier , c'est-à-dire les diviser en cinq parties , et chercher des centres pour décrire d'autres cercles qui passent par les points de division de ceux-ci. Chaque cercle détermine une coupe.

324. *Comment détermine-t-on la coupe de l'icosaèdre , fig.* 185 ?

Ayant partagé en quatre parties égales une circonférence décrite sur un diamètre A B égal à l'axe de la boule ; à partir de l'extrémité A du diamètre A B , et d'un rayon égal à A C, on décrit l'arc C D; du point D, et d'un rayon égal à D C , on décrit C E, et du point C l'arc E O ; on partage en deux parties égales l'arc soustendu par C O , et on tire I O.

Ensuite, à partir d'un point quelconque J de la boule , et d'un rayon égal à I O, on décrit une circonférence qu'on partage en trois parties égales ; des deux points de division consécutifs N et R , on décrit, d'un rayon égal à celui du premier cercle tracé , des arcs qui déterminent, par leur intersection , le centre du cercle R N ; à partir des deux points R et V , on cherche de la même manière le centre d'un troisième cercle, et de V et N celui d'un quatrième ; on divise ensuite ces trois derniers cercles comme le premier , et de leurs points de division on cherche les centres des autres cercles, qu'on décrit toujours d'un même rayon que les premiers, etc. Chaque cercle détermine une coupe.

CHAPITRE XXVIII.

RACCORDEMENT DES LIGNES.

* 325. Qu'est-ce *que le raccordement des lignes?*
C'est l'art d'unir plusieurs lignes de mêmes ou de différentes espèces, sans qu'elles offrent de jarrets ni de coudes aux points de jonction.

* 326. *Que faut-il faire pour décrire une courbe à l'extrémité d'une droite donnée et qui se raccorde avec cette ligne?*

Élever à l'extrémité A, *fig.* 186, de la droite donnée, une perpendiculaire A C, et d'un rayon quelconque A E, pris sur la perpendiculaire, décrire l'arc A B. On voit que ce problème est indéterminé; car on pourrait d'un autre point pris sur la perpendiculaire, décrire une courbe qui se raccorderait également avec la droite donnée.

* 327. *Connaissant un point A, fig.* 187, *par où doit passer une courbe qui doit se raccorder avec une droite, que faut-il faire pour trouver le centre de la courbe?*

Joindre par une droite le point donné A à l'extrémité B de la ligne donnée; mener une perpendiculaire C D au milieu de A B; en élever une autre à l'extrémité B de la ligne E B, et l'intersection I de ces deux perpendiculaires est le centre de la courbe B C A, qui se raccorde avec la droite donnée. Ce problème est déterminé, le centre et le rayon étant donnés par la rencontre des deux perpendiculaires.

328. *Que faut-il faire pour raccorder deux droites qui vont en convergeant?*

Figurer leur prolongement , *fig*. 188 ; partager l'angle A qu'elles forment en deux parties égales ; élever une perpendiculaire B C à l'extrémité B de l'une des droites , et le point d'intersection I qu'elle fait avec la bisectrice est le centre de la courbe qui raccorde les droites données.

* 329. *Comment raccorde-t-on une droite avec un arc de cercle donné dont on connaît le centre ?*

On joint le point A , *fig*. 189 , de la courbe qu'on veut raccorder , à son centre C ; et la perpendiculaire A B , élevée au point A sur le rayon C A , est la droite qui se raccorde avec l'arc.

* 330. *Que faut-il faire pour décrire une courbe qui se raccorde avec les extrémités d'une droite donnée , fig. 190 ?*

Élever des perpendiculaires A D , B C , sur les extrémités de la droite donnée ; tirer la parallèle I J ; des points D et C décrire les arcs A I , B J ; et du point E , milieu entre I et J , décrire la demi-circonférence I L J , et le problème est résolu.

* 331. *Comment raccorde-t-on deux parallèles d'égale longueur ?*

On joint les extrémités A et B , *fig*. 191 , et du milieu C de la droite A B , on décrit l'arc A D B qui raccorde les parallèles.

332. *Que faut-il faire pour trouver le centre d'une courbe qui doit se raccorder avec une autre courbe donnée , et passer par un point désigné ?*

De l'extrémité A de la courbe donnée A I , *fig*. 192 , tirer une droite A C , qui passe par le centre C , qu'il faudrait chercher si on ne le connaissait pas (N° 83) ; joindre aussi le point donné B au point A ; couper la droite A B par une perpendiculaire D E , et le point d'intersection E qu'elle fait avec A C , est le centre de la courbe cherchée.

333. *Et si le point est placé au-dessus de la courbe , fig. 193 ?*

Il faut tirer une droite qui passe par le centre C du cercle, et l'extrémité A de la courbe que l'on veut raccorder; joindre les points B et A; mener une perpendiculaire au milieu de la droite A B, et l'intersection I qu'elle fait avec C D, est le centre de la courbe cherchée.

- * 334. *Que faut-il faire pour raccorder deux parallèles, fig. 194, placées de manière que la droite qui joint leurs extrémités ne leur est pas perpendiculaire ?*

Aux points A et B il faut élever les perpendiculaires B E et A I d'une longueur indéfinie; joindre les points A et B; mener C D au milieu des lignes données, et qui leur soient parallèles; porter la longueur A C de C en D; enfin par le point D mener D E perpendiculaire à A B, le point I sera le centre de l'arc A D, et le point E celui de l'arc B D.

Exercices. — Dessiner les grilles, *fig.* XLI, XLII et XLIII.

Après avoir dessiné le bâti de la première, on cherchera le centre du rectangle intérieur, en joignant les angles opposés, puis on formera la rosette; on fera ensuite le raccordement des arcs intérieurs qui aboutissent au milieu des côtés, enfin on décrira les arcs tangens.

Ayant dessiné le bâti de la seconde, on tirera une ligne A B à une distance du bâti, égale à celle que l'on veut donner aux barreaux; les ayant dessinés, on décrira les demi-circonférences tangentes au bâti, et appuyées sur les barreaux.

On dessine la troisième d'une manière analogue : les arcs ont leur centre sur le barreau contigu.

La cuvette, *fig.* XLIV :

Cette figure est composée de deux arcs raccordés avec le filet qui en est la base, et terminés par des congés, lesquels sont surmontés d'un filet et d'un quart de rond plat.

CHAPITRE XXIX.

FIGURES CURVILIGNES A PLUSIEURS CENTRES.

SECTION PREMIÈRE.

Définition des Figures curvilignes.

335. COMBIEN *y a-t-il de figures curvilignes à plusieurs centres ?*

Il y en a une infinité; les centres de ces figures pouvant être plus ou moins nombreux, et les lignes dont elles sont formées pouvant être aussi plus ou moins courbes.

* **336.** *Quelles sont les principales figures curvilignes?*

Ce sont l'ellipse ordinaire, l'ellipse de jardinier, l'anse de panier, l'ovale et la spirale.

* **337.** *Qu'appelle-t-on ellipse ?*

C'est une figure circulaire formée de quatre arcs de cercles raccordés, et égaux deux à deux : c'est un cercle oblong, *fig.* 195.

* **338.** *Qu'est-ce que l'ellipse de jardinier?*

C'est une figure semblable à la précédente, mais qui se trace autrement, *fig.* 196.

* **339.** *Qu'appelle-t-on anse de panier ?*

C'est une ligne courbe formée de trois arcs raccordés, dont deux A N et B M sont égaux, *fig.* 197.

* **340.** *Qu'est-ce que l'ovale ?*

C'est une figure circulaire formée de quatre courbes raccordées, dont deux B G et A F seulement sont égales, *fig.* 198.

341. *Qu'est-ce que la spirale ?*

C'est une ligne qui, en tournant, s'éloigne de son centre, *fig*. 199.

SECTION II.

Construction des Figures curvilignes.

342. Que *faut-il faire pour tracer une ellipse ordinaire ?*

Tirer une droite A B, *fig.* 195, de la longueur de l'ellipse que l'on veut tracer ; partager cette ligne en trois parties égales A K, H K, H B ; faire sur la partie H K les triangles équilatéraux H E K, H D K ; ensuite, des points H et K comme centres, décrire les arcs L A C, I B G, jusqu'aux côtés des triangles prolongés ; et des points E et D, et d'un rayon égal à E L, décrire les arcs L G et C I.

343. *Si le petit axe seulement était donné ?*

Il faudrait le prolonger d'un quart, et on aurait le grand axe, sur lequel on opèrerait comme il vient d'être dit.

344. *Que faut-il faire pour tracer l'ellipse de jardinier, fig.* 196, *les deux diamètres ou axes étant donnés ?*

Croiser perpendiculairement et par le milieu les deux diamètres A B, D G ; de l'extrémité D du petit axe, et d'une ouverture de compas égale à la moitié A C du grand axe, en décrire l'arc E F qui coupe le grand axe en E et en F ; prendre ensuite un fil ou un cordeau dont la longueur égale le grand axe, en fixer les bouts l'un en E et l'autre en F ; faire glisser un instrument à tracer dans le pli M du cordeau, et on décrit l'ellipse.

345. *Comment trace-t-on l'anse de panier lorsqu'on connaît sa base et sa hauteur ?*

On élève perpendiculairement D C, *fig.* 197, hauteur de l'anse, sur le milieu de A B qui est sa base ; on

joint les extrémités A B de la base au sommet D de la
perpendiculaire ; on porte la hauteur C D de l'anse de
C en F ; on porte la différence A F des demi-axes de D
en O et en H ; au milieu P et I de B O et A H, on élève
les perpendiculaires P E , I E qui vont concourir en
un point E de l'axe C D prolongé ; les points L et G
sont les centres des arcs B M , A N, et le point E est
celui de l'arc M D N. Cette méthode peut aussi servir
pour faire une ellipse dont les axes sont donnés.

*346. *Que faut-il faire pour décrire dans un rec-*
tangle quelconque, fig. 200, *une ellipse qui soit tan-*
gente à ses côtés ?

Tirer les droites A B, C D qui partagent le rectangle
donné en quatre rectangles égaux : ces deux lignes
seront les axes de l'ellipse que l'on construira par la
méthode précédente.

*347. *Comment détermine-t-on les centres d'une*
ellipse décrite dans un losange et qui soit tangente
à ses côtés ?

On joint les angles opposés du losange par des diagonales A B, C D, fig. 201 ; on cherche le milieu de ses
côtés E , F , G , H ; on mène par ces points des perpendiculaires aux côtés qui détermineront, par leur
intersection avec la diagonale A B, les points I et M
pour les centres des arcs F G , E H , et par celle
qu'elles font avec C D, les centres des arcs E F, G H.

*348. *Que faut-il faire pour tracer un ovale ?*

Tirer une droite A B, fig. 198, égale au petit axe
de l'ovale ; élever une perpendiculaire C D sur le milieu de A B ; porter la longueur A C de C en D ; tirer
les droites A D, B D prolongées au delà du point D ;
du point C et d'un rayon égal à A C, décrire la
demi-circonférence A F B ; des extrémités A et B du
petit axe , décrire les arcs B G , A F ; et de l'intersection D décrire l'arc F G , et on a l'ovale demandé.

*349. *Si le grand axe seulement est donné, que*
faut-il faire ?

Le partager en moyenne et extrême raison (N° 100), le petit segment sera le rayon de la demi-circonférence de l'ovale; le reste est déterminé par là connaissance de celui-ci.

350. *Comment trace-t-on la ligne spirale ?*

On tire les quatre lignes A B , C D , E F , G H formant un carré à leur naissance, comme on le voit à la *fig.* 199. A sera le centre du premier arc C *d*, G celui de l'arc *d e*, E celui de l'arc *e f*, et C celui de l'arc *f g*; et si l'on fait une seconde révolution , A sera encore le centre de l'arc *g h* , etc.

351. *Comment obtient-on la longueur de la spirale ?*

En faisant cette proportion , 7 : 22 :: la somme du premier et du dernier rayon : x. La réponse , multipliée par le nombre de tours et parties de tours de la spirale , déterminera sa longueur.

352. *Quelle est la surface de l'ellipse ?*

C'est celle d'un cercle qui a pour diamètre une ligne moyenne proportionnelle entre ses deux axes.

On l'obtient encore par la proportion suivante , 1000 : 785 :: le produit des deux axes : la surface de l'ellipse. L'ovale étant composé de la moitié d'un cercle, plus la moitié d'une ellipse, il est aisé d'en évaluer la surface.

Les voûtes à plein cintre ou à berceau , ayant la moitié de la circonférence pour profil , ont pour surface la moitié de celle d'un cylindre de même diamètre et de même longueur. Si la voûte est surbaissée , c'est-à-dire ayant la forme de l'ellipse coupée suivant son grand diamètre, on fera cette proportion , pour avoir le profil de la voûte, 49 : 180 :: la moitié du diamètre , plus la montée : la longueur du pourtour de la voûte, qu'on multipliera par la longueur, et on aura la surface. On opèrera de même pour la voûte surmontée , ou en forme de l'ellipse coupée suivant son petit axe. Hors ces trois cas, c'est-à-dire lorsque les diamètres ne sont point dans le rapport de 4 à 3, la surface ne peut s'évaluer que par approximation, en multipliant la longueur de la voûte par son pourtour.

Exercices. — Dessiner un bol avec sa soucoupe, *fig.* XLV :

Cette figure est composée d'une demi-circonférence surmontée d'une baguette, et portée par un petit piédouche : les lignes ponctuées indiquent la partie du bol cachée par la soucoupe.

Le tonneau, *fig.* XLVI :

Les fonds sont représentés par deux ellipses, et les côtés par des arcs pour former le renflement.

La soupière, *fig.* XLVII :

Cette figure est composée d'une partie d'ellipse portée sur un piédouche, et surmontée de quelques moulures : les anses sont formées chacune de deux cercles et de lignes raccordées.

La grille, *fig.* XLVIII :

Après avoir formé le bâti, on décrit les arcs qui forment la grande ellipse ; on tire ensuite par le milieu des côtés les lignes qui forment le losange, et l'ellipse tangente aux côtés dudit losange, ensuite la rosette et les croisillons.

CHAPITRE XXX.

SECTION PREMIÈRE.

Réduction des Polygones curvilignes en polygones rectilignes ; et réciproquement.

353. QUE *faut-il faire pour réduire le cercle à un carré qui lui soit égal en superficie ?*

Couper le cercle donné par un diamètre A B, *fig.* 202 ; tirer le rayon D C perpendiculaire à A B ; de l'extrémité B du diamètre décrire l'arc C E ; de l'extrémité A décrire l'arc E F ; et tirer la corde F C, qui est le côté du carré G égal en superficie au cercle.

354. *Que faut-il faire pour réduire le carré au cercle ?*

Décrire une circonférence B F C H, *fig.* 203, d'un rayon arbitraire ; opérer dessus comme nous venons de dire, pour réduire le cercle au carré ; porter sur la corde F C, qu'on prolonge s'il est nécessaire, la longueur M N égale à l'un des côtés du carré donné, de F en G ; couper F G au milieu par une perpendiculaire J I, et le point d'intersection I qu'elle fait avec F H détermine I F pour le rayon du cercle égal en superficie au carré donné.

255. *Que faut-il faire pour réduire le cercle au triangle équilatéral ?*

Couper le cercle donné par un diamètre A B, *fig.* 204; mener le rayon C D perpendiculaire au diamètre ; du point B et d'un rayon égal à celui du cercle, couper la circonférence en E ; du point D décrire l'arc

5.

E F qui détermine A F pour le côté d'un triangle équilatéral G égal en superficie au cercle.

356. *Comment réduit-on le triangle au cercle ?*

Il faut premièrement le réduire à un carré qui lui soit égal en superficie (N° 207), et réduire ce carré au cercle par la méthode précédente.

357. *Comment réduit-on l'ellipse à un carré égal en superficie ?*

On la réduit premièrement à un cercle qui lui soit égal en superficie, en cherchant une moyenne proportionnelle entre ses deux axes (N° 352) ; et on réduit ensuite le cercle au carré (N° 353), et le problème est résolu.

Si l'on voulait réduire le carré à une ellipse, on amènerait d'abord le carré au cercle, et ensuite le cercle à l'ellipse.

Exercices. — Exécuter les problèmes ci-dessus d'après des dimensions données.

SECTION II.

Réduction des Polygones curvilignes en d'autres de même superficie.

358. Que *faut-il faire pour réduire le cercle à une ellipse qui lui soit égale en superficie* (1) ?

Tirer le diamètre C D du cercle donné, *fig.* 205; du point C et d'une ouverture de compas égale au rayon du cercle, couper la circonférence en L et en N ; tirer la corde L N, elle sera le petit axe de l'ellipse de-

_____

(1) Dans cette réduction, on considère l'ellipse dans le rapport de 4 à 3, qui est celui qui existe entre ses deux axes lorsqu'on la décrit par la méthode N° 342 ; car, si l'un des axes était donné, on chercherait alors une troisième proportionnelle à cet axe et au diamètre du cercle à réduire, et cette troisième serait l'autre axe de l'ellipse égale en superficie au cercle donné.

mandée : la troisième proportionnelle M, à cette ligne et au diamètre du cercle, en est le grand axe (N°98).

Pour construire l'ellipse on suit la méthode(N°342).

359. *Comment réduit-on l'ellipse au cercle ?*

On cherche une moyenne proportionnelle entre les deux axes de l'ellipse donnée (N° 99); cette ligne est le diamètre d'un cercle égal en superficie à l'ellipse.

360. *Que faut-il faire pour réduire le cercle à un ovale qui lui soit égal en superficie?*

Couper le cercle donné, *fig.* 205, par deux diamétres A B, C D qui se croisent perpendiculairement et dont l'un d'eux C D soit prolongé ; de l'extrémité D du diamètre C D, et d'un rayon égal à celui du cercle, couper la circonférence en E ; du point C décrire l'arc E G ; du point D l'arc G H I, et on a C I pour le grand axe de l'ovale égal en superficie au cercle donné. Pour le construire, *voyez* n°ˢ 349 et 348.

361. *Comment réduit-on l'ovale à un cercle qui lui soit égal en superficie ?*

Du milieu C du grand diamètre de l'ovale donné, *fig.* 205, et d'un rayon égal à A C, on décrit l'arc A B D qui rencontre le prolongement du petit axe ; on tire la droite A D sur laquelle on décrit une demi-circonférence A E D ; la corde A E, menée du point A au milieu E de cette demi-circonférence, est le rayon d'un cercle égal en superficie à l'ovale donné.

* 362. *Que faut-il faire pour tracer une mappe-monde, fig.* 206 ?

Après avoir décrit le premier méridien A E I M, il faut le couper par deux diamètres perpendiculaires entre eux ; partager la circonférence en tous ses degrés (pour abréger nous ne la diviserons qu'en seize parties); de l'une des extrémités du diamètre I A tirer des droites aux points de division D, C, B, P, O, N qui déterminent, par leur intersection *a, b, c, d, e, f,* avec le diamètre E M, les troisièmes points où doivent passer les courbes A a I, A b I, A c I, A d I, A e I, A f I. De l'une des extrémités M du diamètre E et M tirer au point de division H, G, F, D, C, B qui déterminent aussi par leur intersection i, j, l, m, n, o avec le diamètre A I, les troisièmes points par où doivent passer les courbes H i J, G j K, F l L, D m N, C n O, B o P, qui terminent la mappemonde.

Exercices. — Exécuter les problèmes ci-dessus d'après des dimensions données :

Construire un cercle, un triangle, un rectangle et un carré de même superficie.

On décrira une circonférence sur un diamètre divisé en sept parties.

Pour former le triangle, on abaissera perpendiculairement un rayon et on lui mènera une perpendiculaire d'une longueur égale à trois fois le diamètre et $\frac{1}{7}$; ensuite on mènera l'hypoténuse par son extrémité et le centre, et on aura le triangle demandé.

Pour le rectangle, on élèvera une perpendiculaire sur le grand côté de l'angle droit, égale et parallèle au rayon du cercle ; enfin on joindra son extrémité et le centre du cercle par une droite.

Pour le carré, on cherchera une moyenne proportionnelle entre les deux côtés adjacens du rectangle.

CHAPITRE XXXI.

DES MOULURES.

363. Qu'est-ce *que les moulures?*

Ce sont des parties saillantes qui servent d'ornement à l'architecture.

364. *Combien y a-t-il de sortes de moulures ?*

De trois sortes : des droites, des circulaires et des composées.

365. *Quelles sont les principales moulures droites?*

Ce sont le filet ou listel, le larmier et la plate-bande.

* 366. *Qu'est-ce que le filet ?*

C'est une moulure carrée étroite, dont la saillie A et C doit égaler la hauteur, *fig.* 207 ; on l'appelle aussi réglet ou bandelette.

* 367. *Qu'est-ce que le larmier ?*

C'est une moulure large et saillante, creusée souvent en dessous, que l'on place dans les corniches pour préserver l'édifice des eaux du ciel, *fig.* 208.

* 368. *Qu'est-ce que la plate-bande ?*

C'est une moulure large et plate et très-peu saillante, *fig.* 209.

* 369. *Quelles sont les principales moulures circulaires ?*

Ce sont le quart de rond, la baguette, le tore ou boudin, la gorge, le cavet, le congé, la scotie, le talon et la doucine.

* 370. *Qu'est-ce que le quart de rond ?*

C'est une moulure formée du quart du cercle, dont la saillie égale la hauteur, *fig.* 210.

* 371. *Que faut-il faire pour tracer un quart de rond ?*

Prendre la hauteur perpendiculaire A D, *fig.* 210, de la saillie de la moulure, et du point A décrire l'arc C D. La *fig.* 211 représente un quart de rond renversé, et la *fig.* 212 un quart de rond plat.

* 372. *Que faut-il faire pour tracer le quart de rond plat ?*

Prendre la distance de A à B ; de ces points décrire deux arcs qui se coupent en C, et l'intersection sera le centre de l'arc A B.

* 373. *Qu'est-ce que la baguette ?*

C'est une moulure saillante, demi-ronde et fort étroite, dont la saillie égale la moitié de la hauteur, *fig.* 213.

* 374. *Comment trace-t-on la baguette ?*

En décrivant une demi-circonférence dont le centre

est au milieu de la perpendiculaire A B, qui représente la hauteur de la moulure.

* 375. *Qu'est-ce que le tore ou boudin ?*

C'est une moulure demi-ronde dont la saillie égale la moitié de la hauteur, *fig.* 214 ; elle se trouve au bas de toutes les colonnes.

* 376. *Comment trace-t-on le tore ou boudin ?*

En décrivant une demi-circonférence dont le centre A est au milieu de la perpendiculaire CD, qui représente la hauteur du tore.

* 377. *Qu'est-ce que la gorge ?*

C'est une moulure creuse et demi-ronde, dont la profondeur égale la moitié de la hauteur, *fig.* 215.

* 378. *Comment trace-t-on la gorge ?*

En décrivant une demi-circonférence qui a pour centre le milieu A de la perpendiculaire CB, et pour rayon la moitié CA de la hauteur de la moulure.

La *fig.* 216 représente une gorge dont la profondeur excède la moitié de la hauteur ; C en est le centre.

* 379. *Qu'est-ce que le cavet ?*

C'est un quart de rond dont le centre C, *fig.* 217, est placé en dehors et aplomb de sa saillie ; le rayon du demi-cercle qui le forme est égal à la hauteur de la moulure. La *fig.* 218 représente un cavet renversé.

* 380. *Qu'est-ce que le congé ?*

C'est une espèce de petit cavet, *fig.* 219 ; il se trace comme lui. A représente un congé droit, et B un congé renversé.

* 381. *Qu'est-ce que la scotie ?*

C'est une moulure creuse A B, *fig.* 220, formée de plusieurs cavets dont les centres sont placés à volonté. La *fig.* 221 représente une scotie renversée ; A et B sont les centres des arcs qui la forment.

* 382. *Qu'est-ce que le talon ?*

C'est une moulure composée d'un quart de rond et d'un cavet, et dont la saillie égale la hauteur, *fig.* 222.

* 383. *Que faut-il faire pour le tracer ?*

Tirer la ligne A B ; partager la saillie de la moulure

par la perpendiculaire C D , et prolonger la ligne B : le point D sera le centre du quart de rond , et le point C celui du cavet qui forme le talon.

Le talon plat est une moulure semblable à la précédente , mais aplatie , *fig.* 223. Pour le tracer , il faut , après avoir partagé la ligne A B en deux parties égales, faire un triangle équilatéral sur chacune des deux portions de cette ligne ; les points C et D seront les centres des arcs qui formeront la moulure. La *fig.* 224 représente un talon renversé.

* **384.** *Qu'est-ce que la doucine ?*

C'est une moulure composée des mêmes parties que le talon , mais disposées en sens contraire , *fig.*225.

* **385.** *Comment trace-t-on la doucine ?*

Après avoir joint le point A au point B, on mène C D par le milieu de cette droite parallèle aux filets A et B , et les intersections C D qu'elle fait avec les perpendiculaires B C , A D, menées aux extrémités des filets , sont les centres des courbes qui forment la moulure ; mais lorsque la doucine est aplatie , *fig.* 226, les centres de la courbe sont les sommets A et B des triangles équilatéraux construits sur les parties de la droite CD.

La *fig.* 227 représente une doucine renversée.

* **386.** *Comment trace-t-on cette moulure quand elle a plus de saillie que de hauteur ?*

Après avoir joint le point A au point B, *fig.* 228, et divisé cette droite A B en deux parties égales A C, B C, on mène I J perpendiculaire à C A, et au milieu de cette ligne ; on mène aussi LN suivant les mêmes conditions par rapport à B C, mais dans le sens contraire ; puis on élève B N perpendiculaire au filet B , et son intersection N avec L N est le centre de l'arc B M C ; ensuite on tire la droite N J qui passe par le point C., et son intersection J avec la perpendiculaire I J est le centre de l'arc C O A.

Souvent, pour donner plus de grâce à cette moulure, la partie B C de la droite A B qui joint les filets, est plus courte que l'autre, comme on le voit à la *fig.* 229 ; mais le tracé en est toujours le même.

Exercices. — Dessiner une astragale, *fig.* XLIX :
Cette figure est composée d'une baguette, d'un filet et d'un congé ; les parties unies A et B représentent la colonne, le pilastre, etc., sur lequel est placée cette moulure.

La corniche ou cymaise, *fig.* L :
Cette figure est composée d'un filet, d'un quart de rond, porté par deux autres filets, d'un larmier, d'un filet et d'un talon. La partie A représente le nu de l'objet orné par la corniche.

Le piédouche, *fig.* LI :
Pour construire cette figure il faut d'abord mener l'horizontale A B, élever à cette ligne les perpendiculaires I J au centre, et A G et B H à ses extrémités ; porter sur ces dernières, à partir de l'horizontale A B, la hauteur des moulures dont cette figure est composée, par exemple celle du plinthe, de B en D et de A en C ; celle du filet de B en F et de A en E, ainsi de suite pour les autres moulures ; on joint ensuite, par des droites, les points correspondans des verticales A B, G H, après quoi on détermine la saillie des moulures, à partir de la verticale I J. C'est ainsi que l'on profile les dessins ornés de moulures. Les centres de la scotie se trouvent en M et en N, en L et en O.

Le vase, *fig.* LII :
Ce vase est porté sur un piédouche B et un socle A ; sa partie inférieure C est une demi-circonférence surmontée d'un congé ; son rayon pourrait être égal à la hauteur du piédouche, à partir du haut du socle. La partie rectiligne D et B est égale au rayon de cette demi-circonférence, et le reste du vase est à peu près de même hauteur ; les arcs E ont environ 60 degrés ; la verticale A G sert à donner aux moulures une même saillie.

Le vase à anses, *fig.* LIII :

Ce vase formé d'un ovale allongé est porté sur un piédouche ; ses anses sont formées de deux cercles concentriques et de lignes raccordées.

Le quinquet, *fig*. LIV :

Deux branches paraissent plus courtes, parce qu'elles sont vues plus de face que les autres, les lignes qui forment cette figure doivent être bien parallèles.

La table, *fig*. LV :

Cette figure représente une table ronde de jardin ; le dessus est ordinairement en marbre et la colonne en pierre ; la moulure est une doucine aplatie.

La carafe, *fig*. LVI :

Cette figure est composée de deux parties d'ellipse, le bas se perd dans la moulure qui sert de base, et le haut est raccordé avec deux arcs qui forment la partie supérieure de la carafe.

La figure LVII :

Ce candélabre se construit par le moyen de la verticale comme le piédouche ; le pied est formé d'un plinthe, d'un filet et d'une doucine renversée ; le bas de la tige est formé d'une partie d'ellipse.

L'aiguière, *fig*. LVIII :

La contenance est un ovale, les autres parties sont formées d'arcs raccordés.

La cuvette à anses, *fig*. LIX, et la saucière, *fig*. LX :

Ces figures se composent aussi d'arcs raccordés, leurs centres se trouvent par les principes ordinaires du raccordement des lignes.

Les jambages d'un portail, *fig*. LXI et LXII :

En répétant chacun de ces jambages et les joignant par la traverse A, on formera deux entrées de cour ou de bâtiment.

La figure LXIII représente aussi une entrée en pierres de taille :

L'inspection seule de ces figures suffit pour pouvoir les construire, ayant soin de donner à la hauteur de l'ouverture le double de la largeur.

CHAPITRE XXXII.

DES PROJECTIONS.

SECTION PREMIÈRE.

Idée générale des Projections.

* 387. Qu'appelle-t-on *projection ?*

C'est le pied d'une perpendiculaire menée d'un point quelconque sur une ligne ou sur un plan. Ainsi, dans la *fig.* 230, B est la projection de A sur BC, et D est sa projection sur CD. A l'égard des plans DAB, CAB, *fig.* 231, qu'on suppose perpendiculaires l'un à l'autre, E est la projection du point F, supposé dans l'espace, sur le plan DAB, et G sa projection sur le plan CAB.

* 388. *Comment distingue-t-on ces différentes projections ?*

Par des noms qui leur viennent des lignes ou des plans sur lesquels elles sont situées. Ainsi on nomme projection horizontale celle qui est sur la ligne ou le plan horizontal, et projection verticale celle qui est sur la ligne ou le plan vertical.

* 389. *Que fait-on pour représenter les parties d'un édifice ?*

On imagine un plan situé horizontalement, sur lequel on trace un dessin semblable à celui que détermineraient les pieds des perpendiculaires, qu'on mènerait à ce plan des différentes parties de l'édifice.

* 390. *Comment appelle-t-on ce dessin?*

Plan géométral. La *fig.* 258 représente le plan géométral d'une maison obtenu d'une manière analogue à la méthode précédente.

* 391. *Que fait-on encore pour achever de déter-*
miner les parties remarquables de l'édifice ?

On conçoit un autre plan dans une situation perpendiculaire au premier, sur lequel on trace un
dessin semblable à celui que détermineraient les pieds
des perpendiculaires, qu'on mènerait à ce plan des
parties remarquables de l'édifice. Ce dessin donne la
hauteur des objets au-dessus du plan géométral.

* 392. *Comment appelle-t-on la figure qui en résulte ?*

On l'appelle coupe ou profil si elle passe dans l'intérieur du bâtiment, et élévation si elle n'en fait voir
que les parties extérieures. La *fig*. LXXIX représente
l'élévation ou la projection verticale d'une maison
obtenue d'une manière analogue, et la *fig*. LXXX
celle de sa coupe.

* 393. *Comment représente-t-on les dimensions
inclinées ?*

On ne peut les représenter dans leur grandeur naturelle, et c'est à les déterminer que s'applique la
méthode des projections.

SECTION II.

Manière de déterminer les Projections.

* 394. COMMENT *les figures se projettent-elles ?*

Si elles sont parallèles au plan sur lequel on les
projette, les projections leur sont égales et semblables ; mais si elles sont dans une autre situation par
rapport au plan, les ressemblances ni la grandeur ne
sont plus les mêmes.

* 395. *Que faut-il faire pour avoir les projections
d'une droite I J, située d'une manière quelconque
dans l'espace, fig. 232 ?*

Il faut de ses extrémités I et J abaisser des perpendiculaires I E , J F au plan horizontal D A B ; des mêmes points I , J mener aussi I G , J H perpendiculaires au plan vertical ; joindre par des droites sur chacun des plans les pieds des perpendiculaires , et on a E F pour la projection horizontale de la ligne donnée , et G H pour sa projection verticale.

* 396. *Comment obtient-on la projection d'un cercle situé dans l'espace ?*

Si ce cercle est parallèle à l'un des plans , on projette sur ce plan son diamètre A B , *fig.* 233 , sur lequel on décrit une circonférence E G F H qui est la projection du cercle donné ; sur l'autre plan elle sera une droite I J égale au diamètre du cercle : mais s'il est oblique par rapport aux plans, on projette deux diamètres A B , C D croisés perpendiculairement , et leurs pojections E F , G H sont les axes de l'ellipse qui en est la projection sur le plan horizontal : on opère de même par rapport au plan vertical. C'est de cette manière qu'on projetterait une ellipse , un ovale , etc.

* 397. *Comment dispose-t-on les plans dans la pratique d'une manière qui se prête aux constructions ?*

On imagine que le plan vertical A B C, *fig.* 231 , a tourné autour de sa commune section A B avec le plan horizontal , jusqu'à ce qu'il se trouve dans le prolongement de celui-ci. Dans cette rotation , toute ligne G H perpendiculaire à la commune section A B des deux plans , décrit un plan qui lui est perpendiculaire, et par conséquent cette ligne G H se trouve dans la même direction que celle E H qui lui correspond dans le plan horizontal.

: 398. *Que résulte-t-il de là ?*

1° Que les deux projections E et G , *fig.* 231 , d'un même point F se trouvent sur une même ligne E I perpendiculaire à la commune section des deux plans ;

2° Que pour avoir la projection verticale d'un point pris sur une droite et dont la projection horizontale est F, *fig.* 234 , il n'y a qu'à mener de ce point F une perpendiculaire F M à la commune section A B des deux plans, et son intersection M avec la droite L M sera la projection verticale cherchée.

* 399. *Donnez-nous un exemple de la manière de projeter un objet quelconque, et qui nous prouve en même temps la nécessité de connaître au moins deux projections différentes de cet objet ?*

Supposons qu'on veuille avoir les projections de l'objet représenté par la *fig.* 236. Pour avoir sa projection horizontale, j'imagine que de chacun de ses points principaux on a abaissé des perpendiculaires sur un plan qui se trouve sous cet objet, les pieds de ces perpendiculaires déterminent sur ce plan un dessin représenté par la *fig.* 237 : voilà sa projection horizontale ; mais on voit que cette figure ne suffit pas pour donner une idée suffisante de l'objet. J'imagine donc un autre plan vertical, *fig.* 236, placé devant l'objet dans une position qui donne aux projections les formes les plus simples : le plan qui résulte de la trace qu'ont laissée sur ce plan les perpendiculaires qu'on y a menées, achève de compléter l'idée qu'on doit se former de l'objet qu'on a voulu représenter ; de sorte qu'à l'aide de ces deux projections on pourrait l'exécuter, la projection horizontale déterminant la largeur de l'objet, ce que ne fait pas la projection verticale ; et cette dernière déterminant sa hauteur, ce que ne fait pas la projection horizontale. Ceci prouve en même temps la nécessité de connaître plusieurs projections des objets, pour en avoir une juste idée.

Exercices. — Dessiner le comble, *fig.* LXIV.

Le tirant où entrait A doit porter sur le mur P dans les deux tiers de son épaisseur ; la circonférence qui détermine la hauteur peut avoir la largeur du bâtiment pour diamètre. La pièce B se nomme arbalétrier, C faux entrait, D poinçon, E lien aisselier, F contrefiche, G chevron, I panne, H chantignole, L faîtage, M l'entablement ou corniche, appartenant à la maçonnerie.

Le comble brisé, *fig.* LXV:

Les parties qui composent ce comble portent les mêmes noms que celles de la précédente ; on y ajoute cependant la jambe de force R.

La commode , *fig.* LXVI :

Cette commode, dont on voit l'élévation , *fig.* LXVI, se construit en menant des horizontales et des verticales ; la partie , *fig.* LXVII , représente la coupe par le côté et désigne la profondeur du meuble , les parallèles ombrées représentent les coupes des tiroirs.

Le lit à bateau , *fig.* LXVIII et LXIX :

La figure LXVIII représente la longueur du lit ; les extrémités A des rouleaux sont vues de face ; la figure LXIX représente sa largeur.

La figure LXX :

Cette figure représente un bureau , la partie B représente un tiroir ; la figure LXXI représente sa projection vue sur le côté ; A est la saillie formant tablette.

Le trait de Jupiter, *fig.* LXXII ;

C'est un assemblage de rallonges très-solides ; la partie ombrée représente la clef.

La figure LXXIII :

C'est une table à toilette, la partie A est une glace mobile qu'on place à volonté ; la figure LXXIV représente le côté et la saillie de la table.

La presse , *fig.* LXXV et LXXVI :

A représente la largeur et la hauteur de l'objet vu de face , et B son épaisseur vue par côté;

Les projections différentes d'une chaise, *fig.* LXXVII:

A est la vue du profil , B le dossier , C la chaise en saillie , et D les traverses.

La table LXXVIII :

La projection horizontale A fait connaître que la table est circulaire , et prouve de nouveau la nécessité de plusieurs projections.

La figure LXXIX :

Cette figure représente l'élévation d'une maison ; la façade n'est vue qu'en partie.

La figure LXXX :

Elle représente la coupe de la même maison prise parallèlement au pignon ; A représente le dessous des croisées, G l'ouverture des cintres et des fenêtres ; D ce qui reste de solide du mur dans toute sa longueur ; la saillie représente le cordon d'ornement, E, les lucarnes, G la coupe de l'escalier ; la projection horizontale se trace d'une manière analogue à la figure 258.

La croisée, *fig*. LXXXI :

A représente la coupe verticale et B l'horizontale, C et D représentent les mêmes coupes plus en grand, E représente la saillie du dormant sur laquelle frappe le battant G de la croisée, I est le bas du dormant, son cintre reçoit l'eau tombant du jet d'eau ou larmier J du bas de la croisée ; les deux vanteaux se ferment à gueule de loup H ; le congé L reçoit les fiches de ferrement, et la noix M sert à fermer plus exactement.

La porte, *fig*. LXXXII :

Elle est représentée d'une manière analogue à la figure précédente : elle est à grands cadres, c'est-à-dire que les moulures qui lui servent d'ornemens sont saillantes : A en représente le profil, et B le plan ; C D représente les assemblages plus en grand.

SECTION III.

Manière de déterminer la longueur des lignes par la connaissance de leurs projections.

400. QUE *faut-il faire pour déterminer la longueur d'une droite par la connaissance de ses projections ?*

Mener aux extrémités de la projection horizontale

E F, *fig.* 234, des perpendiculaires E G, F H égales à I L, J M, et tirer la droite G H qui donne la longueur demandée, ceci est évident ; car si l'on imagine que EFGH, LMGH, *fig.* 235, soient des plans élevés perpendiculairement, le premier sur la projection horizontale E F, et l'autre sur la projection verticale LM, leur commune intersection sera nécessairement la droite cherchée. Supposons que le plan E F G H tourne autour de sa commune section E F avec le plan horizontal, et vienne se coucher sur ce dernier, dans ce mouvement les lignes F H, E G ne varieront ni pour la grandeur ni pour la situation à l'égard de E F, et la droite G H se trouvera dans toute son étendue sur le plan horizontal : c'est ce que l'on voit exécuté sur la figure 234. On pourrait aussi obtenir la longueur de la droite située dans l'espace, en élevant perpendiculairement, à l'une des extrémités E de la projection horizontale, une droite égale à la différence de l'élévation des extrémités de la projection verticale au-dessus du plan horizontal.

* 401. *Comment peut-on connaître les dimensions d'un cercle par le moyen de ses projections ?*

En opérant sur les projections de son diamètre, comme on vient de faire sur celles de la droite dans le problème précédent.

* 402. *Que faudrait-il faire pour déterminer les dimensions d'une ellipse et d'un ovale, par la connaissance de leurs projections ?*

Déterminer la longueur des axes comme on a fait pour trouver celle de la droite (N° 400), après quoi il est facile de déterminer les dimensions de l'ellipse ou de l'ovale.

Telle est, en abrégé, l'idée qu'on doit se former des projections ; mais il n'est pas toujours possible de donner aux projections autant d'étendue qu'à l'objet projeté, et ce cas est le plus ordinaire. On est obligé alors de les prendre d'une manière réduite : c'est ce que les géomètres appellent lever un plan.

CHAPITRE XXXIII.

USAGE DE LA SIMILITUDE DES TRIANGLES POUR LA MESURE

DES DISTANCES.

SECTION PREMIÈRE.

Mesure des Distances.

403. COMMENT *peut - on déterminer la mesure des distances par la similitude des triangles ?*

En comparant les côtés et les angles homologues du triangle imaginé sur le terrain avec ceux de son semblable, qu'on forme sur le papier.

404. *Donnez-nous un exemple de l'usage de la similitude des triangles pour la mesure des distances ?*

Soit à mesurer la distance de l'arbre A, *fig.* 238, au moulin C; il faut planter un jalon en B à une certaine distance de l'arbre, un autre en D dans la direction de l'arbre et du moulin, un troisième en E dans la direction du point B et du moulin, et un quatrième en un endroit quelconque F sur la direction de A B; mesurer la distance A B; tracer sur le papier, *fig.* 239, une droite *a b*, d'autant de parties d'une échelle adoptée qu'on a trouvé de mètres à A B; construire sur cette ligne des triangles *a d f*, *f b e* proportionnels à ceux qu'on forme sur le terrain en imaginant les droites qui joignent les jalons, ce qui se fait en donnant aux côtés de ces triangles autant de parties de l'échelle que les côtés homologues de ceux qui sont sur le terrain ont de mètres.

Ensuite, prolonger les côtés *a d* et *b e* de ces triangles jusqu'à ce qu'ils se rencontrent, et le nombre de parties de l'échelle que contient *a c* est égal au nombre de mètres qu'en contient la distance de A à C : car, à cause de la similitude des triangles, on a cette proportion, *ab* : A'B :: *ac* : A'C.

On pourrait également avoir la distance du point C à tout autre point, par exemple, à la maison X, en opérant sur A B par rapport à ce point X, comme on a fait pour avoir la distance de A à C.

Cette seconde opération, en même temps qu'elle donnerait la distance des deux points C et X, par la distance des sommets des deux triangles, donnerait encore celles des points A et B au point X.

405. *Donnez-en un autre exemple ?*

Supposons qu'on veuille mesurer la largeur d'une rivière, *fig.* 240 ; il faut choisir une base B C ; déterminer un point A de manière que l'angle A B C soit droit ou presque droit ; porter sur une ligne *bc* autant de parties de l'échelle que la base a de pieds ; mesurer les angles B et C (soit avec le graphomètre, soit avec une demi-circonférence divisée en degrés en forme de rapporteur, mais d'un rayon beaucoup plus grand, on assujettit une règle au centre pour servir d'allidade). Ayant donc mesuré B et C, on forme de pareils angles aux points *b* et *c* : la rencontre des lignes *a b*, *a c*, détermine *ab* pour la largeur de la rivière : car, à cause de la similitude des triangles, on a, *bc* : BC :: *ba* : BA.

Si le point B était éloigné du bord de la rivière, on retrancherait cette distance du résultat de l'opération.

406. *Que faut-il faire pour mesurer la longueur d'un marais, fig.* 241, *accessible seulement à ses extrémités A et B ?*

Choisir un point C d'où l'on puisse voir les points A et B, et imaginer les lignes BC et AC ; prolonger C B d'une longueur égale à A C et A C d'une longueur égale à B C, on aura deux triangles égaux, et la ligne D E sera la réponse.

407. *Comment mesurerait-on encore cette longueur ?*

Après avoir déterminé un point C d'où l'on pût apercevoir les extrémités A et B du marais, on y planterait un jalon; on en planterait un autre en J dans la direction de C B, et un troisième en I dans la direction de C A; ensuite on ferait sur le papier, d'après une échelle, un triangle *icj* semblable au triangle I C J que formeraient les jalons, en donnant aux côtés du premier autant de parties de l'échelle qu'on aurait trouvé de mètres ou de pieds aux côtés correspondans de celui qui est sur le terrain; on prolongerait les côtés *ci* et *cj*, leur donnant autant de parties de l'échelle que les distances correspondantes CB, CA ont de mètres ou de pieds, et la distance *a b*, portée sur l'échelle, donnerait la largeur A B, puisque la similitude des triangles donne, *cb* : C B :: *ba* : B A, etc.

408. *Comment pourrait-on encore l'obtenir, mais sans opérer sur le papier ?*

Après avoir déterminé le point C où l'on planterait le premier jalon, on mesurerait la distance C B, après quoi on planterait, dans la direction de ces deux points B et C, un autre jalon en J, à un nombre d'unités de mesure quelconque depuis le point C, égal à la quantité de mètres que contient la distance CB; on en planterait un troisième en I, suivant les mêmes conditions par rapport à C A : alors le nombre de mesures que contiendrait I J indiquerait la quantité de mètres que contient A B.

On la trouverait encore en formant au point A l'angle droit B A D, et imaginant la ligne B D; après avoir mesuré A D et B D on ôterait le carré de A D du carré de B D, et la racine carrée du reste serait la réponse.

409. *Comment pourrait-on encore résoudre tous ces problèmes ?*

De la manière suivante : Prenons pour exemple la distance M N, *fig.* 240 ; tirez les lignes N Q et R I dans la direction du point dont on veut avoir la distance, faisant au point M un angle quelconque Q M R ; menez P R parallèle à N Q et qui rencontre M R ; enfin tirez N P : les triangles I P R et N M I ayant les angles égaux chacun à chacun, auront les côtés proportionnels, en sorte qu'ayant mesuré les côtés I P, P R et I N, on aura N M par cette proportion, I P : P R :: I N : N M.

On pourrait aussi mesurer ces distances par le moyen de la planchette dont on parlera au lever des plans.

Exercices. —Déterminer la longueur et la largeur d'une cour ;

La distance de deux objets supposés inaccessibles, etc.

SECTION II.

De la mesure des Hauteurs.

410. Comment *peut-on déterminer la hauteur de l'arbre, fig.* 242?

Après avoir pris la base A B, on mesure l'angle B A D, plaçant pour cela l'instrument au point A de manière que son plan soit dans la direction AB, et son diamètre bien horizontalement (ce qui est facile en faisant correspondre un fil aplomb sur la quatre-vingt-dixième division et le centre de l'instrument) ; mener ensuite la ligne *a b* d'autant de parties de l'échelle que A B contient de mètres ou de pieds ; faire l'angle *d a b* égal à l'angle D A B ; et enfin élever au point *b* la perpendiculaire *b d :* sa rencontre avec *a d* déterminera la hauteur B D.

On pourrait encore la trouver par le calcul, de cette manière : après avoir pris une base A B et l'avoir mesurée, on ferait planter bien verticalement un jalon en un point quelconque E ; on mesurerait sa hauteur et les segmens A E, E B ; ensuite on ferait cette proportion, A E : E C :: A B : B D.

Si la base n'était pas horizontale, *fig*. 243, il faudrait placér l'instrument au point A, pris à volonté, et diriger son diamètre bien horizontalement ; mesurer les angles C A D et D A B ; tirér ensuite sur le papier la ligne *ab*, d'autant de parties que la base AB a de mètres ou de pieds ; faire au point *a* avec le rapporteur les angles *cad* et *dab*, égaux aux angles C A D et D A B ; du point *b* mener une perpendiculaire *bc* à *ad* : la longueur comprise entre les points *b* et *c*, portée sur l'échelle, donnera la hauteur BC.

On pourrait trouver l'inclinaison de A B par ce moyen ou par le nivellement.

Exercices.—Déterminer la hauteur d'une maison, d'une tour, d'un objet quelconque.

CHAPITRE XXXIV.

DU NIVELLEMENT.

411. Qu'EST-CE *qu'on appelle niveler ?*

C'est déterminer de combien un objet est plus élevé qu'un autre à l'égard du centre de la terre.

412. *Quel procédé emploie-t-on pour niveler un terrain ?*

Si l'on a un niveau d'eau, *fig*. 244, on place le pied B de cet instrument sur le point de départ, et on dirige le niveau vers l'objet C que l'on a en vue ; on fait marquer sur la terre le point D auquel se rapporte le rayon visuel, on y transporte l'instrument, et on renouvelle la même opération jusqu'à ce qu'on arrive à l'objet dont il s'agit. La différence de niveau se trouve alors par la hauteur de l'instrument prise autant de fois que l'on a fait de stations, moins ce qui manquerait à la dernière. L'étendue B D C s'appelle développement, et la profondeur BE, qu'aurait une maison bâtie sur ce terrain, se nomme étendue de cultellation.

413. *Comment pourrait-on encore niveler un terrain ?*

En se servant d'une grande équerre dont on place l'un des côtés A B, *fig.* 245, perpendiculairement sur le point de départ, le prolongement horizontal B C détermine un point sur le terrain où il faut faire une opération semblable à la première, et ainsi de suite : la longueur A B de l'équerre, prise autant de fois qu'on aura fait d'opérations, donnera la hauteur de l'objet, par rapport au point de départ.

414. *S'il s'agissait de niveler une hauteur telle que celle d'une montagne, dont le point central correspondant au sommet fût inaccessible, que faudrait-il faire ?*

Prendre une base A B, *fig.* 246, mesurer les angles C A B et C B A ; plaçant l'instrument de manière à ce que son diamètre réponde à la ligne A B, et son plan à la direction C A pour l'angle C A B, et à celle C B pour l'angle C B A ; tirer ensuite sur le papier une ligne *a b*, d'autant de parties de l'échelle que A B contient de mètres ou de pieds, et faire les angles *a* et *b* égaux aux angles A et B : la rencontre de ces lignes donnera *ac* et *bc* pour les longueurs des rayons visuels A C, B C. Replaçant l'instrument au point B, et tenant le diamètre bien horizontalement et le plan dans la direction B C, mesurer l'angle C B D; faire au point *b* un angle *cbd* égal à celui C B D qu'on vient de trouver: la ligne *cd* abaissée perpendiculairement à *a d*, déterminera, par sa rencontre avec *b d*, l'élévation C D de l'objet C à l'égard du niveau A B.

On trouverait encore la hauteur D I de ces montagnes par la méthode suivante: Soit à mesurer la hauteur D I, *fig.* 245; on prendrait une base M N; on la mesurerait ainsi que les angles D N M et D M N;

on ferait sur le papier un triangle semblable ; on prolongerait la base M N en I, et du point D on abaisserait une perpendiculaire sur ce prolongement, la longueur D I, portée sur l'échelle, donnerait la hauteur demandée.

Tous ces problèmes seraient plus exactement et plus promptement opérés par le moyen des logarithmes sinus, mais nous ne pensons pas qu'il soit à propos d'en parler dans cet abrégé uniquement destiné au bas âge.

Exercice. — Déterminer la hauteur d'un point pris sur le terrain par rapport à un autre.

CHAPITRE XXXV.

MANIÈRE DE PROLONGER LES LIGNES SUR LE TERRAIN, LORSQU'IL SE RENCONTRE DES OBSTACLES.

415. QUE *faut-il faire pour prolonger une ligne* A B, *fig.* 247, *au delà d'une montagne ?*

Il faut prendre sur la ligne A B une longueur quelconque, et former au point C un triangle isocèle A B C ; prolonger les côtés d'une longueur égale à B C, A C, mener D E, on aura deux triangles égaux, et le prolongement de la ligne D E sera parallèle à la ligne demandée. Ensuite, prendre sur ce prolongement une longueur F G égale à A B, et former le triangle F G L semblable à D C E ; prolonger ses côtés d'une longueur égale à C A, C B, et on aura les points H et I dans la direction demandée.

On pourrait aussi abaisser une perpendiculaire A D ; faire un angle droit en D, et prolonger D jusqu'en G ; former au point G un angle droit, et prendre la longueur G I égale à A D : la ligne I H, élevée perpendiculairement au point I, serait la ligne demandée. Les angles doivent être de la dernière précision.

416. *Mais si l'on n'avait qu'un point donné de chaque côté d'une montagne, soit en A et B, fig. 248?*

Il faudrait choisir un point C qui fût visible de chacun des points donnés; tirer les lignes A C, C B, et par le milieu de chacune mener E D qui sera dans une direction parallèle à la droite demandée; abaisser de chaque point A et B une perpendiculaire A E, B D, et des points K et I élever aussi les perpendiculaires K M et I J; prendre la longueur de B D ou de A E, et la porter de K en M et de I en J : la ligne passant par les points A J et M B serait la réponse.

Exercice. — Prolonger une ligne donnée, supposant des obstacles dans le cours de sa direction.

CHAPITRE XXXVI.

LEVER DES PLANS.

SECTION PREMIÈRE.

Idée générale du lever des plans, et manière d'en représenter les différentes parties.

* **417.** Qu'est-ce *que lever un plan?*

C'est construire sur le papier une figure semblable à un objet qu'on veut représenter. Par exemple, la *fig.* 250 est le plan de la *fig.* 249 qu'on suppose être un terrain.

* **418.** *Sur quoi est fondée l'exactitude du lever des plans?*

Sur la similitude des triangles. Ainsi, si le plan *fig.* 250 est exact, les triangles *abc*, *acd* et *ade*, qu'on obtient en tirant les diagonales *ac*, *ad*, sont semblables chacun à chacun aux triangles A B C, A C D et A D E formés sur le terrain par des diagonales A C, A D. Il suit de là que les côtés du plan sont proportionnels à ceux qui leur correspondent sur le terrain ; en sorte qu'on peut dire, A B, *fig.* 249: *a b*, *fig.* 250, :: B C : *b c*, etc., et réciproquement (N° 213).

* 419. *Comment établit-on le rapport qui existe entre le plan et la figure représentée ?*

Par le moyen de l'échelle de proportion, *fig.* 60 ou 61.

* 420. *Comment représente-t-on sur un plan les différentes parties d'un objet quelconque ?*

Quand il est représenté horizontalement, on conserve la teinte du papier ; quand il est incliné, on le fait connaître par des traits dont on couvre le papier, et ces traits doivent être plus ou moins rares selon que la pente est plus ou moins forte : ainsi A, *fig.* 252, représente une pente plus inclinée que la partie B de la même figure. Il suit de là que quand l'objet varie par degrés insensibles, la distance des traits du dessin qui le représente varie également ; C représente de petits arbres ; la masse D représente des jardins et des habitations ; E une haie ; F un pré ; G une vigne ; H un bois ; I une rivière ; J un pont en pierre ; K les piles des arches ; L un pont en bois ; M un ruisseau qui se jette dans la rivière : la flèche indique le côté du courant de l'eau ; N représente un étang, et O un marais. Les chemins et les fossés qui les bordent se représentent par des lignes droites ou coudées, suivant leurs directions : ainsi, P représente une route de première classe, dont le milieu est pavé, et qui a un fossé de chaque côté ; R une route de seconde classe, qui est aussi bordée de fossés ; S des chemins de traverse que les voitures peuvent parcourir ; et T un sentier.

Pour représenter la masse d'une maison, on remplit par des traits M N J L, *fig.* 257, l'espace compris entre ses murs.

Exercices. — Dessiner la pente d'une montagne inégalement inclinée ; représenter une rivière, une route, un bois, etc.

SECTION II.

Manière de lever un Plan à l'aide de la Chaîne seulement.

* 421. Qu'y a-t-il à observer touchant la manière de mesurer, avec la chaîne, les dimensions du terrain dont on veut lever le plan ?

1° Que la chaîne soit bien tendue ;

2° Qu'avant de mesurer les dimensions du terrain, lorsqu'elles sont longues, il faut planter, dans leur direction, des jalons de distance en distance pour indiquer le passage de la chaîne ;

3° Que lorsqu'on mesure un terrain incliné, il faut toujours tendre la chaîne horizontalement.

* 422. Que faut-il faire pour lever le plan d'un terrain, *fig.* 249, qu'on peut parcourir ?

Il faut construire une échelle proportionnée à l'étendue qu'on veut donner au plan ; faire le croquis du terrain, c'est-à-dire, former à vue d'œil une figure représentant sa forme, *fig.* 251; partager le terrain en triangles par des diagonales; mesurer ses côtés et ses diagonales et en écrire la longueur près des lignes qui les représentent sur le croquis. Par exemple, on voit, par cette figure, que le côté A B du terrain a été trouvé de 15 mètres, le côté B C de 8 mètres, la diagonale A C de 19 mètres, etc. Cela fait, on construit la figure 250, de manière que chacune de ses lignes ait autant de parties de l'échelle que celles qu'on a mesurées sur le terrain ont de mètres.

* 423. Comment peut-on encore lever le plan d'un terrain A B C D E F G, *fig.* 253, par le moyen de la chaîne ?

Il faut choisir un point P d'où l'on puisse apercevoir tous les angles du terrain ; de ce point, et d'un rayon quelconque, décrire une circonférence H I J , etc., soit avec la chaîne, soit avec une ficelle ; fixer un jalon à chaque point d'intersection des diagonales avec la circonférence, et mesurer les cordes ; décrire ensuite une circonférence *h i j k l m n*, *fig.* 254, d'un rayon contenant autant de parties de l'échelle que le premier a de mètres ; à partir d'un point quelconque *h*, par exemple mener les cordes *h i, i j, j k*, etc., d'autant de parties de l'échelle que leurs correspondantes sur le terrain ont de mètres, et par les intersections mener des lignes indéfinies ; mesurer A P , et porter une longueur proportionnelle de *p* en *a* ; mesurer le côté A B , et d'une ouverture de compas d'autant de parties de l'échelle que A B contient de mètres, décrire du point *a* un arc en *b*, et mener *a b* ; mesurer B C , et porter une longueur proportionnelle de *b* en *c*, etc. ; on aura le plan demandé.

Dans les exemples suivans nous considèrerons la figure comme représentant tout à la fois le terrain, le croquis et le plan.

* **424.** *Comment peut-on lever le plan d'un terrain quelconque, dont quelques-uns des côtés forment des sinuosités ?*

Soit à lever le plan de la *fig.* 255. Après avoir divisé le terrain en triangles A B C , A C D , et en avoir coté les dimensions sur les lignes correspondantes du croquis, pour déterminer les points où doivent passer les courbes D J A , H I L , on élève des perpendiculaires de distance en distance sur les droites A D , H L , dont on porte également la longueur et la distance sur le croquis. La construction du plan se fait ensuite facilement d'après une échelle adoptée.

415. *Que faut-il faire pour lever le plan d'un terrain qu'on ne peut parcourir librement, comme un bois, un massif de maison, un étang, etc., par exemple, le plan du bois représenté par la fig. 265 ?*

Il faut le renfermer dans un rectangle A BC D ; déterminer sur le rectangle des lignes EF , GH , HI , qui se rapprochent du bois ; élever des perpendiculaires sur ces lignes pour déterminer les sinuosités de son contour ; porter la mesure de toutes ces lignes sur le croquis , après quoi il est facile d'en faire le plan.

* 426. *Comment lèverait-on le plan d'une maison et d'une cour adjacente, représentées par la fig. 257 ?*

Après avoir divisé le terrain en triangles, on mesurerait les lignes F L , L J , pour déterminer le plan de la maison LJ M N ; on mesurerait de même le reste du contour et les diagonales ; ensuite on formerait le plan en donnant à chacune de ses lignes autant de parties de l'échelle que les côtés correspondans dans le terrain ont de mètres.

* 427. *Si l'on avait à mesurer un angle* F A C *formé par deux plans* F A , C A , *que faudrait-il faire ?*

Mener O H et O I parallèles aux plans , et mesurer l'angle H O I , en plaçant l'instrument en O.

* 428. *Que faut-il faire pour lever le plan de l'intérieur d'une maison, avec ses diférentes distributions , par exemple celui de la maison représentée par la fig. 258 ?*

En lever d'abord la masse A B C D ; pour avoir les détails de l'intérieur, mesurer les côtés des murs et les diagonales, et en coter les dimensions sur le croquis ; marquer aussi la distance entre les portes et les croisées avec leur largeur , la position des cheminées, leurs saillies, etc. ; après quoi, il est facile d'en faire le plan. Cette figure représente le rez-de-chaussée , E E les portes , F F les fenêtres ou baies, I I les cheminées, H les escaliers.

Exercices. — Lever le plan d'une cour, d'un jardin, d'un terrain , etc. , qu'on désignera aux élèves.

SECTION III.

Lever du Plan au moyen de la Planchette.

429. Qu'appelle-t-on *planchette ?*

C'est une petite planche carrée longue d'environ 0, 40 centimètres, et portée sur un pied, *fig.* 259. Elle est accompagnée d'une alidade A , qui est une règle garnie de deux pinnules pour observer les objets.

430. *Comment peut-on lever un plan au moyen de la planchette ?*

Soit à lever le plan du terrain représenté par la *fig.* 260. Il faut placer la planchette à peu près au milieu du terrain; d'un point *h* tracer des rayons dans la direction de tous les angles A , B , C , D , E , F , G , auxquels on aura placé des signes pour les mieux apercevoir ; mesurer tous ces rayons, à partir d'un point du terrain qui corresponde au point *h ;* leur donner sur la planchette autant de parties de l'échelle qu'on leur a trouvé de mètres sur le terrain ; joindre les points *a, b, c, d, e, f, g* qui déterminent leur longueur proportionnelle par les droites *a b, b c, c d,* etc., et le plan est levé.

431. *Que faut-il faire pour avoir la distance et la position respective de plusieurs objets, fig.* 261 , *au moyen de la planchette ?*

Il faut choisir deux points C et D suffisamment éloignés l'un de l'autre , mais le plus près possible des objets à mesurer, pour que les intersections des rayons visuels ne se fassent pas hors de la planchette ; mesurer la distance de ces deux points ; tirer sur un papier fixé sur la planchette une ligne *c d,* d'autant de parties de l'échelle qu'on aura trouvé de mètres en C D ; placer la planchette de manière que le point *c* réponde perpendiculairement sur le point C du terrain , et la ligne *c d,* dans la direction C D ; ayant fixé l'alidade au point *c,* on la dirige vers les principales

parties E, B, F, G, H des objets que l'on veut mesurer, et on tire les lignes ce, cb, cf, cg, ch. Ensuite on transporte la planchette en D, faisant correspondre le point d sur le point D; et dirigeant la ligne
cd selon CD, on fixe l'alidade sur d, et on marque
les lignes de, db, df, dg, dh dans la direction des
points E, B, F, G, H; l'intersection de ces lignes sur le
papier marque la position des objets E, B, F, G, H,
à cause de la proportion qui existe entre les triangles
tracés sur la planchette, et ceux qui sont imaginés sur
le terrain par le moyen des rayons visuels.

432. *Que faut-il faire pour partager le terrain*
ABCDEG, *fig.* 262, *en deux parties égales ?*

Il faut mener une ligne A D qui le divise à peu
près en deux parties égales, et mesurer la surface de
chacune d'elles. Soit ABCDA de 154 mètres, et ADEGA
de 134; pour rendre ces surfaces égales, il faudrait
ajouter 10 mètres, moitié de la différence, à la dernière
partie; pour cela abaissez du point D une perpendiculaire DH sur AB ou sur son prolongement, mesurez-la
sur l'échelle et divisez 10 par la moitié de sa longueur, le quotient donnera AI pour la base du triangle qu'il s'agit d'ajouter à la partie ADEGA pour
qu'elle ait la moitié de la surface totale, c'est-à-dire
144 mètres, et vous aurez DI pour la ligne de division.

S'il s'agissait de le partager en un plus grand nombre de parties égales, on suivrait la même analogie,
c'est-à-dire qu'après avoir évalué la surface on la partagerait à peu près en parties égales, et, les ayant
évaluées séparément, on ajouterait ou l'on retrancherait, selon que les résultats l'exigeraient.

433. *Si l'on avait à diviser, par un point donné,*
un polygone en autant de parties égales que l'on vou-
drait, par exemple le polygone, fig. 263, *en quatre*
parties, que faudrait-il faire ?

Il faudrait, par le point donné A, tirer des diagonales
et évaluer la surface de la figure. Supposons qu'on ait
trouvé 376 mètres, le quart serait 94 pour la surface

de chaque partie : prenez celui des triangles qui approche le plus de la surface demandée; je suppose que ce soit le triangle BAC, et qu'il ait 80 mètres de superficie, il faudra prendre sur l'un des autres triangles, par exemple sur DAC, une base telle qu'étant multipliée par la moitié de la hauteur, elle donne les 14 mètres demandés ; pour cela abaissez du point A une perpendiculaire AI sur DC, et divisez les 14 mètres qui manquent par la moitié de la longueur de la perpendiculaire, vous aurez la base CE du triangle CAE qu'il faut ajouter à ABC, pour la première partie.

Si le triangle ABH ne contenait que 55 mètres, il faudrait, pour lui donner 39 mètres de plus, abaisser la perpendiculaire AK sur HG, et diviser les 39 mètres par la moitié de sa longueur ; le quotient donnerait la longueur HL de la base du triangle AHL qu'il faut ajouter à la seconde partie.

On continuera la même opération pour les autres.

Exercices. — Lever avec la planchette la situation réciproque de divers objets.

CHAPITRE XXXVII.

MANIÈRE DE COPIER LES FIGURES IRRÉGULIÈRES.

* **434.** Qu'appelle-t-on *figures irrégulières?*

Ce sont celles dont les côtés et les angles sont inégaux, et dont les différentes parties qui les composent n'ont entre elles aucun rapport déterminé.

* **435.** *Que faut-il faire pour copier une figure irrégulière, par exemple la figure* 264?

Construire autour de cette figure un rectangle ABCD; diviser les côtés AB, CD en un nombre quelconque de parties égales, et joindre par des droites les points de division correspondans; partager aussi les deux autres côtés en parties égales; joindre également les points de division correspondans, et on aura une suite de rectangles d'autant plus petits que les points de division seront plus multipliés.

Faire ensuite sur la feuille sur laquelle on veut copier le dessin un autre rectangle, *fig.* 265, égal au premier, et divisé de la même manière ; après quoi il faudra tirer dans ces derniers rectangles des lignes semblables à celles qui passent dans les rectangles correspondans de la figure proposée. Si l'on n'est pas assez sûr dans l'emploi de ce moyen, on pourra se servir de l'un des suivans: prenons pour exemple le point E pris à volonté dans la Figure donnée; il faut mesurer la distance de l'angle F à ce point, et de cette ouverture de compas décrire dans la Figure 265, à partir du point *f*, un arc en *e*, et d'une autre ouverture égale à G E, à partir du point *g*, couper le premier arc décrit, et on a leur intersection pour le point cherché. On pourrait encore obtenir la position de ce même point en abaissant la perpendiculaire E H, portant ensuite la distance F H de *f* en *h*, élevant une perpendiculaire en *h*, et portant sur cette ligne la longueur E H.

Cette opération pourrait encore s'exécuter facilement par la méthode donnée (N° 133) pour la construction des triangles ; mais il faudrait séulement prendre la longueur des diagonales sans les tracer.

CHAPITRE XXXVIII.

MANIÈRE D'AUGMENTER OU DE DIMINUER LES DIMENSIONS D'UN DESSIN DANS UN RAPPORT DONNÉ.

* 436. COMMENT réduit-on les dimensions d'un dessin dans un rapport donné, par exemple la figure 266 à celle 268, dans les rapports de BC à DE?

Il faut tirer une droite indéfinie F G, *fig.* 267 ; de l'extrémité F, et d'un rayon égal à BC décrire l'arc G H; du point G, et d'un rayon égal à DE, couper cet arc en H; tirer la droite F H, et l'angle G F H servira à déterminer les longueurs proportionnelles, de cette manière :

On mènera l'horizontale *ll* égale à D E , et pour avoir la hauteur *ij* de la copie, on prendra celle I J de l'objet à réduire, on la portera de F en O et en P , et la distance O P donnera *ij* , qu'on élèvera perpendiculairement sur le milieu de *ll*; pour avoir *jm* on portera JM de F en R et en V; la distance R V sera la hauteur du plinthe *jm*. C'est ainsi qu'on obtiendra la hauteur et la saillie des autres parties de la copie demandée.

On pourrait de la même manière réduire la figure 249 à la copie 250 ou 251 , une carte géographique à une autre dimension, etc.

Si la ligne B C, *fig*. 266, avait été plus longue ou plus courte que la base L M de la figure donnée , on aurait construit le triangle G F H de la même manière avec les rapports donnés ; ensuite pour trouver la base *ll*, *fig*. 268 de la copie, on aurait porté L L sur les côtés de l'angle F , *fig*. 267 , et la distance des deux points correspondans aurait donné la base *ll*; le reste de l'opération comme ci-dessus.

Si la copie devait être plus grande que le modèle donné, on suivrait la même marche; mais l'angle F serait plus ouvert, les côtés G F et H F étant plus courts que celui G H, qui dans ce cas joindrait les extrémités.

Le triangle G F H doit être fait pour chaque copie différente , ses côtés devant être proportionnels à ceux des figures proposées.

On pourrait encore faire ces sortes de réductions par le compas de proportion , mais la méthode précédente est plus facile et plus exacte.

FIN DE L'ABRÉGÉ DE GÉOMÉTRIE.

ABRÉGÉ
D'ARCHITECTURE.

CHAPITRE Ier.

DE L'ARCHITECTURE EN GÉNÉRAL.

SECTION PREMIÈRE.

Définitions préliminaires.

* 1. Qu'est-ce *que l'architecture ?*

C'est l'art de construire.

* 2. *En combien de branches divise-t-on l'architecture ?*

En trois principales : 1° L'architecture civile qui s'occupe de la construction des édifices publics et des bâtimens propres aux usages habituels de la vie;

2° L'architecture navale qui s'occupe de la construction des vaisseaux, des ports, etc.;

3° l'architecture militaire qui s'occupe de la construction des fortifications et redoutes propres à la défense des places de guerre. Nous ne parlerons, dans cet Abrégé, que de l'architecture civile.

* 3. *Quel est l'alphabet de l'architecture ?*

Ce sont les moulures. Nous en avons parlé dans le chapitre XXXI de l'Abrégé de Géométrie.

SECTION II.

Des Ordres d'Architecture, et de leurs principales parties.

4. COMBIEN *y a-t-il d'ordres dans l'architecture ?*

Cinq : le toscan, le dorique, l'ionique, le corinthien et le composite.

5. *Que distingue-t-on dans les cinq ordres ?*

Trois parties : le piédestal, la colonne et l'entablement.

6. *Ces trois parties se trouvent-elles toujours dans l'exécution de chacun de ces ordres ?*

Non : car l'attribution d'un nom d'ordre à un édifice ne dépend pas toujours des colonnes, mais encore des proportions observées dans sa construction ; quelquefois même il n'a pas de colonnes, et souvent le piédestal est remplacé par un seul plinthe. Quand le piédestal règne autour du bâtiment on l'appelle stylobate, ou soubassement ; quand l'entablement n'a pas de frise et que la corniche pose immédiatement sur l'architrave, on dit alors qu'elle est architravée.

7. *Comment distingue-t-on les cinq ordres ?*

On distingue le toscan par la simplicité de ses membres, n'ayant aucun ornement, *fig.* I, *planche* 25 ; le dorique par les triglyphes A qui ornent sa frise, *fig.* II ; l'ionique par la volute B de son chapiteau, *fig.* III ; le corinthien par les feuilles d'acanthe C qui ornent son chapiteau, *fig.* IV ; et le composite par le chapiteau corinthien réuni aux volutes de l'ionique, *fig.* V.

8. *Comment divise-t-on le piédestal ?*

En trois parties : en corniche A, dé B et base C.

9. *Combien y a-t-il de parties dans la colonne ?*

Trois : la base D, le fût E et le chapiteau F.

10. *Quelles sont les parties de l'entablement ?*

L'architrave G, la frise H et la corniche A.

* 11? *Quelles relations établit-on entre les trois parties principales des ordres de l'architecture?*

Dans tous ordres l'entablement a pour hauteur le quart de la colonne, et le piédestal le tiers.

* 12. *Quelles sont les proportions des colonnes ?*

La hauteur de la colonne toscane, base et chapiteau compris, est de sept fois son diamètre, *fig.* XXIV; celle de la dorique de huit fois; celle de l'ionique de neuf fois; et celle de la corinthienne et de la composite de dix fois.

* 13. *Qu'appelle-t-on module?*

C'est une longueur égale à la moitié du diamètre inférieur de la colonne; il se divise en 12 minutes pour les ordres toscan et dorique, et en 18 pour les autres.

SECTION III.

Proportion des ordres et de leurs parties principales.

*14. QUELLE *est la hauteur de l'ordre toscan, fig.* I ?

Elle est de 22 modules et 2 parties de module, distribués comme il suit pour les principales parties et leurs subdivisions. Les saillies sont cotées à partir de l'axe de la colonne, et les entre-colonnemens, d'axe à axe.

Piédestal, 4 mod. 8 min.

		HAUT.		SAILL.	
		mo	mi	mo	mi
Base C, 6 min.	Plinthe...	0	5	1	8½
	Filet ou listel...	0	1	1	6½
Dé B, 3 m.8 mi.	Congé...	0	2	1	4½
	Socle...	3	6	1	4¼
C. A, 6mi.	Talon...	0	4	1	8
	Listel...	0	2	1	8½

Colonne, 14 mod.

		HAUT.		SAILL.	
		mo	mi	mo	mi
Base D, 1 mod.	Plinthe...	0	6	1	4½
	Tore...	0	5	1	4¼
	Listel...	0	1	1	1¾
Fût B, 12 mod.	Congé...	0	1½	1	0
	Fût...	11	8	1	0
	Congé...	0	1	0	10
	Filet...	0	½	0	11
	Baguette...	0	1	0	11½

Suite de la Colonne, 14 mod.

	HAUT.		SAILL.	
	mo	mi	mo	mi
Chapit. F. 1 module. Gorgerain . . o	3	o	10
Congé . . . o	1	o	10
Listel . . . o	1	o	11
Qt de rond. o	3	i	1 3/4
Larmier . . o	2	1	2
Congé . . . o	1	1	2
Listel . . . o	1	1	3

Entablement, 3 mod. 6 min.

	HAUT.		SAILL.	
Arch. G. 1 mod. Plate-Bande o	8	o	10
Congé . . . o	2	o	10
Listel . . . o	2	1	0

Suite de l'Entablement.

	HAUT.		SAILL.	
	mo	mi	mo	mi
Frise H. 1	2	o	10
Corniche A, 1 mod. 4 minutes. Talon . . . o	4	1	2
Listel . . . o	1/2	1	2 1/2
Larmier . . o	5	1	11
Congé . . . o	1	1	11
Listel . . . o	1/2	2	0
Baguette. . o	1	2	1/2
Qt de rond. o	4	2	4

La distance entre les colonnes, qu'on nomme entre-colonnement, est de 6 modules; avec portiques sans piédestaux, il est de 9 mod. 6 mi.; et avec piédestaux, de 13 mod. 9 mi.

15. Quelle est la hauteur totale de l'ordre dorique, fig. II?

Elle est de 25 modules 4 minutes, distribués de la manière suivante pour les principales parties de cet ordre et leurs subdivisions.

Piédestal, 5 mod. 4 min.

	HAUT.		SAILL.	
	mo	mi	mo	mi
Base, 10 min. 1er Plinthe. o	4	1	9 1/3
2e Plinthe. o	2 1/4	1	9
Talon. . . o	2	1	7
Baguette. . o	1	1	6 3/4
Listel. . . o	1/4	1	6
Dé, 4 mo. Congé . . . o	1	1	5
Socle. . . . 3	11	1	5
Corn. 6 min. Talon. . . o	1 1/2	1	6 1/2
Larmier. . o	2 1/7	1	9 3/4
Listel. . . o	1/4	1	9 3/4
Qt de rond. o	1	1	10 3/4
Listel . . . o	1/4	1	11

Colonne, 16 modules.

	HAUT.		SAILL.	
Base, 1 module. Plinthe . . o		1	5
Tore. . . . o	4	1	5
Baguette. . o	1 1/4	1	2 5/8
Listel . . . o	2/3	1	2

Suite de la Colonne.

	HAUT.		SAILL.	
	mo	mi	mo	mi
Fût, 14 modules. Congé inférieur. . o	2	1	0
Fût 13	7	1	0
Congé supérieur. . o	1 1/4	0	10
Filet. . . . o	1/4	0	11 1/2
Baguette. . o	1	1	0
Chapiteau, 1 module. Gorgerain. o	4	0	10
1er Filet. . o	1/4	0	10 1/2
2e Filet . . o	1/4	0	11
3e Filet . . o	1/4	0	11 1/2
Qt de rond. o	2 1/2	1	1 3/4
Tailloir. . o	2 1/4	1	2
Talon. . . o	1	1	3 1/4
Listel. . . o	1/2	1	3 1/2

Entablement, 4 modules.	HAUT. mo	HAUT. mi	SAILL. mo	SAILL. mi
1re Plate-Bande . .	0	4	0	10
2e Plate-Bande . .	0	6	0	10½
Goutles. .	0	1½	0	11¼
Ch. des G.	0	½	0	11¼
Listel. . .	0	2	1	0
Métope B.	1	6	0	10
Trigl. A. .	1	6	0	10½

Architrave, 1 module. — *Frise, 1 m. 6 mi.*

Suite de l'Entablement.	HAUT. mo	HAUT. mi	SAILL. mo	SAILL. mi
Chapit. des triglyphes	0	2	0	11
Filet. . . .	0	½	0	11½
Q de rond.	0	2	1	1½
Goutles de la mutule.	0	½	2	2
Mutule.	0	3½	2	4½
Talon. . .	0	1	2	5½
Larmier. .	0	3½	2	6
Talon. . .	0	1	2	6⅔
Filet. . . .	0	½	2	7
Doucine. .	0	3	2	7
Filet. . . .	0	1	2	10

Corniche, 1 module 6 minutes.

L'entre-colonnement simple de cet ordre est de 6 mod. 3 mi. ; avec portiques sans piédestaux, il est de 10 mod. ; et avec piédestaux, de 14 mod. 9 mi.

L'entablement est susceptible de décoration. Sa frise est divisée en triglyphes A et en métopes B. La métope doit toujours être carrée, les triglyphes doivent avoir 1 module de largeur et 1 module et demi de hauteur. La métope est la partie la plus susceptible d'ornemens.

* 16. *Que faut-il observer pour tracer l'architrave de cet ordre ?*

Il faut diviser l'espace déterminé pour la recevoir en trois parties égales, et la portion supérieure de cette division en deux autres parties égales : dans celle du haut sera le listel, et dans l'autre seront les gouttes C.

* 17. *Quelle est la hauteur totale de l'ordre ionique, fig.* III?

Elle est de 28 modules 9 minutes, distribués de la manière suivante pour les principales parties de cet ordre et leurs subdivisions.

Piédestal, 6 modules.

		HAUT. mo	HAUT. mi	SAILL. mo	SAILL. mi
Base, 9 minutes.	Plinthe...	0	4	1	15
	Filet....	0	2/3	1	13 2/3
	Doucine..	0	3	1	9 1/2
	Baguette..	0	1 1/3	1	10
Dé mod.	Filet....	0	1	1	9
	Congé...	0	2	1	7
	Socle...	4	12 3/4	1	7
	Congé...	0	1 1/3	1	7
Corniche, 9 min.	Filet....	0	1	1	8 1/3
	Baguette..	0	1	1	9
	Qt de rond.	0	3	1	11 1/2
	Larmier.	0	3	1	15 1/2
	Talon..	0	1 1/3	1	16 3/4
	Filet..	0	2/3	1	17

Colonne, 18 modules.

		HAUT. mo	HAUT. mi	SAILL. mo	SAILL. mi
Base, 1 module.	Plinthe..	0	6	1	7
	Tore..	0	4 1/3	1	7
	Filet..	0	1/3	1	5
	Scotie..	0	3	1	1 1/2
	Filet..	0	2	1	2 1/2
	Tore..	0	2 1/3	1	4
	Filet..	0	1	1	2
Fût, 16 mod. 6 minutes.	Congé..	0	2	1	0
	Fût...	15	17	1	15
	Congé..	0	2	0	15
	Filet..	0	1	0	17
	Baguette..	0	2	1	0

Suite de la Colonne.

		HAUT. mo	HAUT. mi	SAILL. mo	SAILL. mi
Chapiteau, 12 m.	Qt de rond.	0	5	1	4
	Canal de la vol....	0	3	0	17
	Listel.	0	1	0	17 1/2
	Talon...	0	2	1	1 1/3
	Filet...	0	1	1	2

Entablement, 4 modules, 9 minutes.

		HAUT. mo	HAUT. mi	SAILL. mo	SAILL. mi
Architrave, 1 m. 4 m. et 1/2.	1re face..	0	4 1/2	0	15
	2e face..	0	6	0	16
	3e face..	0	7 1/2	0	17
	Talon..	0	3	1	1 2/3
	Listel..	0	1 1/4	1	2
Frise		1	9	0	15
Corniche, 1 module 13 min. et 1/2.	Talon..	0	4	1	1 1/2
	Filet...	0	1	1	2
	Denticules.	0	6	1	6
	Cordon...	0	1	1	3
	Filet...	0	1/2	1	6 1/2
	Baguette.	0	1	1	7
	Qt de rond.	0	4	1	10 1/2
	Larmier.	0	6	2	2 1/2
	Talon..	0	2	2	4 1/2
	Filet...	0	1/2	2	5
	Doucine.	0	5	2	10
	Filet...	0	1 1/2	2	10

L'entre-colonnement simple de cet ordre est de 6 modules 12 minutes; avec portiques sans piédestaux, il est de 10 mod. 16 mi.; et avec piédestaux, 15 mod. 12 minutes.

18. *Quelle est la hauteur totale de l'ordre corinthien, fig. IV?*

Elle est de 31 modules 12 minutes qui se divisent de la manière suivante pour les principales parties de cet ordre et leurs subdivisions.

Piédestal, 6 mod. 12 min.

	HAUT.		SAILL.	
	mo	mi	mo	mi
Plinthe . .	o	6	1	14
Tore	o	3	1	14
Filet	o	1	1	12
Doucine . .	o	3	1	8½
Baguette .	o	1¼	1	9¼
Filet	o	½	1	8½
Congé . . .	o	1½	1	7
Socle . . .	4	15½	1	7
Congé . . .	o	1½	1	7
Filet	o	½	1	8½
Baguette . .	o	1¼	1	8½
Frise	o	5	1	7
Filet	o	1	1	7½
Baguette . .	o	1	1	8½
Qt de rond.	o	1½	1	12
Larmier . .	o	3	1	14
Talon . .	o	1½	1	15
Filet	o	½	1	15

(marges : Base, 12 min. — Dé, 5 m. 4 min. — Corn., 10 min.)

Colonne, 20 modules.

	HAUT.		SAILL.	
Plinthe . .	o	6	1	7
Tore . . .	o	4	1	7
Filet	o	¼	1	5
Scotie . .	o	1¼	1	3½
Filet	o	½	1	3½
Baguette .	o	1	1	4
Baguette .	o	1	1	4
Filet	o		1	3½
Scotie . .	o	1½	1	2
Filet	o		1	2½
Tore . . .	o	3	1	4
Filet . . .	o	1½	1	2
Congé . . .	o	2	1	0
Fût . . .	16	3½	1	0
Congé . . .	o	1	0	15
Filet	o	1	0	16
Baguette. .	o	2	0	17

(marges : Base, 1 module 1 minute. — Fût, 16 modules 11 minutes.)

Suite de la Colonne.

	HAUT.		SAILL.	
	mo	mi	mo	mi
1er rang de F.	o	12	0	0
2e rang . .	o	12	0	0
3e rang . .	o	4	0	0
Volute . . . Listel . . .	o	8	0	0
Larmier . .	o	3	0	0
Filet	o	1	0	0
Qt de rond.	o	2	0	0

(marge : Chapiteau, 2 modules 6 minutes.)

Entablement, 5 modules.

	HAUT.		SAILL.	
1re face . .	o	5	0	15
Baguette . .	o	1	0	15½
2e face . .	o	6	0	15½
Talon . .	o	2	0	16½
3e face . .	o	7	0	16½
Baguette . .	o	1	0	17
Talon . .	o	4	1	1½
Filet . . .	o	1	1	2
Pl.-bande.	1	6½	0	15
Congé . . .	o	1½	0	15
Filet . . .	o	½	0	16½
Baguette. .	o	1	0	16½
Talon . . .	o	3	1	0½
Filet	o	½	1	2
Denticules.	o	6	1	6½
Filet	o	½	1	6
Baguette . .	o	1	1	7
Qt de rond.	o	4	1	10
Filet	o	½	1	10½
Modillon . .	o	6	2	8½
Talon . .	o	1½	2	9½
Larmier . .	o	5	2	10
Talon . .	o	1¼	2	11½
Filet	o	½	2	12
Doucine . .	o	5	2	17
Filet	o	1	2	17

(marges : Architrave, 1 module 9 minutes. — Frise, 1 m. 9 mi. — Corniche, 2 modules.)

L'entre-colonnement simple de cet ordre est de 7 modules, avec portiques sans piédestaux, il est de 11 mod. 6 mi.; et avec piédestaux, 16 mod. 9 mi.

* 19. *Quelle est la hauteur de l'ordre composite, fig. V ?*

Elle est la même que celle du précédent, et les trois parties principales ont les mêmes proportions, distribuées de la manière suivante pour les subdivisions.

Piédestal, 6 mod. 12 min.

	HAUT. mo	HAUT. mi	SAILL. mo	SAILL. mi
Base, 13 mi.				
Plinthe ..	0	4	1	15
Tore....	0	3	1	15
Filet....	0	1	1	13 ½
Talon ..	0	3	1	12 ½
Baguette..	0	1	1	9
Dé, 5 mod. 4 min.				
Filet ...	0	1	1	9
Congé. ..	0	2	1	9
Socle ..	4	16 ½	1	7
Congé..	0	1 ½	1	7
Filet ...	0	1	1	8
Corniche, 14 minutes.				
Baguette..	0	1	1	9
Frise ...	0	5	1	7
Cavet ...	0	1	1	7 ½
Filet....	0	½	1	8
Doucine.	0	1 ½	1	10
Larmier.	0	3	1	13
Talon. ..	0	1 ½	1	14
Filet. ...	0	½	1	15

Colonne, 20 modules.

	HAUT. mo	HAUT. mi	SAILL. mo	SAILL. mi
Plinthe ..	0	6	1	7
Tore....	0	4	1	7
Filet....	0	½	1	5
Scotie..	0	2	1	2 ½
Filet..	0	½	1	3
Baguette..	0	½	1	3
Filet..	0	½	1	3
Scotie..	0	1	1	2
Filet..	0	½	1	2 ½
Tore..	0	3	1	4
Filet..	0	1 ½	1	2
Fût, 16 mod. 9 min. Base, 1 mod. 1 min. et demie.				
Congé..	0	2	1	0
Fût	16	3 ½	1	0
Congé..	0	1	0	15
Filet..	0	1	0	16
Baguette..	0	2	0	17

Suite de la Colonne.

	HAUT. mo	HAUT. mi	SAILL. mo	SAILL. mi
Chapiteau, 2 mod. 7 min.				
1er r. de f.	0	12	0	0
2e rang ..	0	12	0	0
Volute...	0	16	0	0
Filet....	0	½	0	0
Qt de rond.	0	2 ½	0	0

Entablement, 5 mod.

	HAUT. mo	HAUT. mi	SAILL. mo	SAILL. mi
Architrave, 1 module 9 minutes.				
1re face ..	0	8	0	15
Talon...	0	2	0	16 ½
2e face...	0	10	0	17
Baguette...	0	1	0	17 ½
Qt de rond.	0	3	1	2
Cavet ...	0	2	1	2 ½
Filet ...	0	1	1	4
Frise, 1 mo. 9 mi.				
Pl.-bande.	1	6 ½	0	15
Congé. ..	0	1	0	15
Filet ...	0	½	0	16 ½
Baguette..	0	1	0	17
Corniche, 2 modules.				
Qt de rond.	0	5	1	4
Filet....	0	1	1	5
Denticules.	0	7 ½	1	11
Filets des denticules	0	½	1	10
Talon. ..	0	4	1	14 ½
Filet. ...	0	1	1	15
Doucine.	0	1 ½	2	5
Larmier.	0	5	2	7
Baguette	0	1	2	7 ½
Talon. ..	0	2	2	9 ½
Filet	0	1	2	10
Doucine. ..	0	5	2	15
Filet ...	0	1 ½	2	15

* 20. *Qu'appelle-t-on pilastres ?*

Ce sont des colonnes carrées en plan : on les distingue
aussi par les noms d'ordres attribués aux colonnes ar-
rondies ; les dimensions de leurs parties sont les mêmes
que celles de l'ordre auquel ils appartiennent.

Exercice.— Dessiner le piédestal et l'entablement
de chaque ordre.

SECTION IV.

Manière de tracer le renflement ou la diminution de la colonne.

* 21. QUELLE *est la forme de la colonne ?*

Elle est ordinairement cylindrique jusqu'au tiers
de sa hauteur ; à partir de ce point, elle va en dimi-
nuant, de sorte que le diamètre de sa partie supérieure
se trouve un sixième moins fort que celui de sa partie
inférieure : les sentimens sont cependant partagés sur
cet article, certains architectes la faisant diminuer
du bas.

* 22. *Comment trace-t-on la diminution de la
colonne ?*

Après avoir tiré l'axe A B, *fig.* VI, de la colonne,
et les parallèles C D, E F, et porté de D en G et de F
en H la diminution fixée, il faut tirer le diamètre I J à
son tiers ; décrire sur ce diamètre la demi-circonférence I M L N J ; mener ensuite G M parallèle à C D
jusqu'à la rencontre de la demi-circonférence ; partager l'arc I M en six parties égales, et par ces points
mener des parallèles au diamètre I J : M N sera toujours
égale à G H ; on-portera les autres parallèles suivantes
par ordre sur les divisions de la colonne P Q, R S, etc.,
et leurs extrémités seront les points par où devront
passer les courbes qui détermineront la diminution de
la colonne. Si la diminution devait commencer au bas

de la colonne, l'opération exécutée en I J se ferait en C E.

* 23. *Comment détermine-t-on encore la diminution de la colonne ?*

Après avoir déterminé D C pour la diminution totale de la colonne, *fig.* VII, il faut porter de D en E la longueur du demi-diamètre A B de la partie inférieure de la colonne ; prolonger D E jusqu'à la rencontre de l'horizontale B A ; à partir du point de rencontre, tirer des droites qui traversent l'axe de la colonne de distance en distance ; porter sur chacune d'elles, à partir de l'intersection qu'elles font avec l'axe, des grandeurs égales au demi-diamètre du bas de la colonne ; ces grandeurs donneront les points G, H, I, etc., par où devront passer les courbes qui détermineront la diminution et le renflement de la colonne. Pour déterminer l'autre côté de la colonne, on portera D E de E en C, de L en M, de N en O, etc.

Si le renflement ne devait commencer qu'au tiers, on tirerait la ligne A B à cette partie de la colonne, et l'on ferait la même opération.

Exercices. — Tracer le renflement des colonnes suivant les différentes méthodes ci-dessus.

SECTION V.

Manière de tracer la volute ionique et les corinthiennes.

* 24. Comment *trace-t-on la volute ionique ?*

Soit donné A B, *fig.* VIII, pour la hauteur de la volute, il faut la partager en seize parties égales d'une minute chacune ; de la neuvième division O et d'un rayon égal à une partie, décrire l'œil C D E F de la volute (la figure IX représente le même œil en grand pour plus d'intelligence); construire sur la droite 9 H, composée de la moitié des rayons O C, O E, le carré H J G 9 ; mener, des angles J et G au centre O, les droites J O, G O ; partager le côté H 9 en six parties égales; construire un carré sur 1, 4, et un autre sur 5, 8 ; les angles H J G 9 seront les centres du premier tour commençant en A ; les angles 1, 2, 3, 4 ceux du second ; et 5, 6, 7, 8 ceux du troisième qui doit aboutir en C.

On détermine les centres de la seconde révolution de la manière suivante : on tire une droite M L, *fig*. X, égale à H A, à l'extrémité M de laquelle on élève la perpendiculaire M N, égale à O H ; on porte la largeur S A du listel de M en P, où l'on élève la perpendiculaire P Q ; on joint le point N au point L ; on porte P Q dans l'œil de la volute de O en K et en T, on partage T K en six parties égales, on renouvelle la même opération que sur H 9 comme on le voit en points, et les angles de ces trois carrés ponctués sont les centres de la seconde révolution de la volute qu'on décrit dans le même ordre que la première, à partir de la seconde division S.

25. *Comment trace-t-on la grande volute corinthienne, fig.* XI ?

Après avoir tiré la droite A P au niveau des feuilles du deuxième rang, et lui avoir mené perpendiculairement l'axe P L de la volute, on divise sa hauteur, qui est égale à 8 minutes, en six parties égales ; sur la quatrième partie, comme diamètre, on décrit une circonférence. (La figure XII représente cette partie en grand pour plus d'intelligence). On tire ensuite la sécante A B, formant, avec le diamètre du cercle, un angle de 45 degrés, et on partage la partie interceptée dans le cercle en quatre parties égales ; le point A sera le centre de l'arc L B ; B celui de l'arc B C ; C celui de l'arc C D ; et D celui de l'arc D E.

Pour avoir les centres de la deuxième révolution, on partage la moitié A C du rayon en quatre parties égales, et on en porte une de A en E, de C en G, de D en H, et de B en F ; et les points E, F, G et H seront les centres de la seconde révolution. Pour avoir

les centres de la dernière, on partage la longueur E C
en huit parties égales ; on en porte une partie de E en
J, de G en M, de H en N, et de F en L ; et les points
J, L, M et N seront les centres de la troisième révolution : le centre se trace à la main.

Pour tracer la naissance de cette volute, on tire la
verticale I J parallèle à L P et passant par l'intersection E du cercle et de la sécante. Les centres des arcs
L A, etc., se trouvent sur le prolongement de cette ligne, aux points où les perpendiculaires élevées sur
les cordes de ces arcs la rencontrent.

26. *Que faut-il faire pour tracer la petite volute
corinthienne, fig.* XIII ?

Il faut tirer la droite A G au niveau du dessus des
feuilles du deuxième rang, et lui élever la perpendiculaire C D, axe de la volute ; marquer sur cette perpendiculaire la hauteur de la volute qui est de six
parties de module, dont la quatrième sera l'œil de
la volute ; il faut décrire ensuite la volute selon la
méthode précédente. Pour en tracer la naissance, il
faut tirer la droite L M qui passe par l'intersection I,
et qui soit tangente au deuxième tour de la volute :
du point M décrire l'arc D F, et du point L, éloigné
de Z, de trois fois la distance V X, l'arc F G ; ces deux
points seront aussi les centres des arcs qui déterminent le petit listel. Le centre de l'arc O P sera en Z,
et celui de P N sera sur une ligne V P qu'on fera
passer par les points Z et P. Pour avoir celui de l'arc
S R, on joindra le sommet de l'œil de la volute au
point R, et la perpendiculaire élevée au milieu de cette
droite donnera, par son intersection H avec A G, le
centre de cet arc.

Exercices. — Dessiner les différentes volutes.

SECTION VI.

Des Frontons , Impostes , Archivoltes et Soffites.

27. Qu'appelle-t-on *fronton ?*

C'est un ornement d'architecture fait ordinairement en triangle, *fig*. XIV. L'espace B compris entre les corniches qui le forment, se nomme tympan : il est susceptible de recevoir des sculptures, sujets allégoriques, etc., lorsqu'il a une certaine étendue.

La *fig*. XV représente un fronton circulaire.

28. *Quelles sont les proportions des frontons ?*

La hauteur des frontons varie : quand ils sont petits on leur donne ordinairement pour hauteur un tiers de la base ; mais cette hauteur diminue à mesure que la base est plus longue : quelquefois, dans ce dernier cas, le fronton n'a pour hauteur que le cinquième de sa base. Ceci est abandonné au goût de l'architecte, aussi bien que la composition de la corniche.

29. *Qu'appelle-t-on imposte ?*

C'est la partie B , *fig*. XVI, d'un pied droit, sur lequel commence un arc.

30. *Qu'est-ce qu'on appelle archivoltes ?*

Ce sont des bandes larges C en forme d'arc en saillie sur le nu d'un mur. L'imposte et l'archivolte toscans sont représentés par la figure XVI, les doriques par la XVIIme, les ioniques par la XVIIIme, et les corinthiens par la XIXme. La hauteur des moulures est cotée dans la figure et la saillie à l'extérieur.

31. *Qu'appelle-t-on soffites ?*

Ce sont diverses sculptures, *fig*. XX , XXI, XXII et XXIII, qui servent à orner le plafond des entablemens et des corniches.

SECTION VII.

Manière d'élever un Ordre.

* 32. *Que faut-il faire pour dessiner un ordre dans une hauteur donnée, fig.* XXIV ?

. Il faut diviser cette hauteur A B en dix-neuf parties égales , en donner quatre au piédestal , douze à la colonne et trois à l'entablement. Ce sont les proportions que Vignole a données, d'après les observations qu'il a faites scrupuleusement dans les plus beaux édifices antiques. Cette opération étant faite , la hauteur de la colonne se trouve fixée en L M ; si c'est l'ordre toscan qu'on veut élever , on la divise en sept parties égales C D ; si c'est l'ordre dorique , en huit E F ; si c'est l'ordre ionique, en neuf G H ; et enfin , si c'est l'ordre corinthien ou le composite, en dix I J ; chacune de ces parties sera le diamètre inférieur de la colonne de l'ordre qu'on veut élever : le module de l'échelle sur laquelle on déterminera les autres parties de l'ordre, doit être, comme il a été dit , égal à la moitié de ce diamètre.

* 33. *De quelle autre manière peut-on encore élever un ordre lorsque la hauteur est donnée ?*

On peut déterminer le module de l'échelle en divisant la hauteur donnée par le nombre de modules que l'ordre doit avoir d'élévation. Supposons, par exemple, qu'on donne 0,665 millimètres pour la hauteur de l'ordre toscan ; je divise cette quantité par 22 modules 2 minutes qui est la hauteur de cet ordre , et j'ai pour quotient 0,03 centimètres, qui sera la longueur du module de l'échelle de construction.

* 34. *Comment trace-t-on les parties d'un ordre , par exemple le piédestal toscan, fig.* XXV, *avec une partie de la colonne ?*

On commence d'abord par construire l'échelle ; on

tire ensuite la base A B et la verticale C D. La hauteur
D E du piédestal étant déterminée , on la partage en
ses trois parties principales , en portant la hauteur de
la base de D en F et la hauteur de la corniche de E en
G ; par les points G et F on tire les horizontales I J,
L N , après quoi on détermine la hauteur de chacune
des moulures dont on porte les dimensions sur la verticale C D. Par les points déterminés pour les hauteurs
on mène des horizontales , et on trace le profil des
moulures de la manière suivante : On commence par
déterminer le diamètre de la colonne en portant de O
en P et en M une grandeur égale à un module , et on
tire M V et P Q parallèles à l'axe D C ; on ajoute ensuite
à ce module 4 minutes ½ pour déterminer la saillie du
tore et du plinthe, qui est aussi celle du dé du piédestal. On prend ensuite une minute ½ pour la saillie
du filet qu'on ajoute au diamètre de la colonne ; après
quoi on trace le congé , le tore , le plinthe, comme il
a été enseigné à l'article des moulures. On s'y prend de
la même manière pour tracer la corniche et la base du
piédestal. Ces profils doivent toujours être faits des
deux côtés en même temps , parce qu'une ouverture
de compas, portée partout où elle est la même , est
toujours plus juste que si elle était prise à différentes
fois.

On pourrait encore profiler , comme il a été dit
page 112 , pour la construction du piédouche.

S'il s'agissait d'élever ces différents ordres dans une
proportion double , triple , etc. , des figures I , II ,
III , etc. , on donnerait à chaque partie une dimension
double , triple, etc.

Exercice. — Élever les différens ordres et dessiner
des colonnades.

CHAPITRE II.

DE LA PERSPECTIVE.

SECTION PREMIÈRE.

Définition de la Perspective, et manière de mettre en perspective les objets situés sur l'horizon.

35. Qu'EST-CE *que la perspective?*

C'est l'art de représenter les objets tels que nous les voyons, connaissant leurs positions relatives et leurs dimensions.

39. *Quel est le fondement de la perspective?*

Le voici : on suppose que l'objet J, *fig.* XXVI, est placé sur un plan horizontal EFGH, et que, perpendiculairement à ce plan, on en a élevé un autre transparent ABCD, qui est placé entre l'objet J et l'œil O. Les rayons visuels OR, OL, OM, ON, en suivant les contours de l'objet, déterminent sur le plan transparent un contour TVXY semblable à celui de l'objet observé. Il est clair que si l'on donne à l'image déterminée par ce contour des couleurs semblables à celles de l'objet, elle en tiendra lieu lorsqu'il sera enlevé. C'est cette ressemblance qu'on appelle perspective.

36. *Que résulte-t-il de là?*

Que tout objet parallèle au plan transparent ne change ni de forme ni de direction dans l'image qu'y déterminent les rayons visuels, mais que cette image diminue de grandeur à proportion de son éloignement de l'objet, le point de vue étant toujours le même.

37. *Sous quelle dénomination désigne-t-on ces plans et ces différens points?*

On nomme le plan ABCD tableau, la droite BC

7.

ligne de terre, le plan E F G H, plan géométral. C'est sur ce plan que se trouve la projection des objets qu'on veut mettre en perspective. La ligne A I, parallèle à la ligne de terre B G, qu'on imagine passer par la projection N de l'œil, est appelée ligne d'horizon; le point N, point principal ou point de vue; le point I, qui est à une distance du point O, égale à celle de l'œil N au tableau, est appelé point de distance.

* 38. *Comment dispose-t-on les lignes d'une manière qui se prête aux constructions ?*

On suppose que le tableau ABCD, *fig.* XXVII, est dans une position verticale par rapport au plan géométral qui se trouve au-dessous, et séparé du précédent par la ligne de terre B C. La ligne d'horizon A D passe par le point O, projection horizontale de l'œil du dessinateur censé derrière le tableau à une distance égale à O P.

* 39. *Les plans étant ainsi disposés, que faut-il faire pour avoir la perspective d'un point quelconque I pris sur l'horizon, fig. XXVII ?*

Il faut de ce point mener à la ligne de terre une perpendiculaire I J ; joindre par une droite ce point J à la projection horizontale O de l'œil ; du point J, et d'un rayon égal à I J, décrire l'arc I C, et mener C P, qui détermine, par son intersection avec J O, le point T pour la perspective du point donné. Ce résultat est le même que celui qu'on obtiendrait par l'empreinte du passage R, *fig.* XXVIII, du rayon visuel SV, dans le tableau supposé ici dans une position verticale et vu sur le côté.

40. *Que faut-il faire pour avoir la perspective d'une droite quelconque, I F, fig. XXVII, située sur l'horizon ?*

Opérer comme pour le problème précédent pour avoir la perspective des extrémités F et I de la ligne proposée, et les joindre par une droite T E, qui est la réponse.

* 41. *Comment détermine-t-on la perspective d'un*

rectangle A B C D , *fig.* XXIX , *situé sur l'horizon parallèlement au tableau ?*

On cherche la perspective de ses angles considérés comme des points qu'on joint ensuite par des droites J N , N I , I L , L J , et on a la perspective du rectangle.

‎‎ 42. *Si le point de distance* P *n'était placé qu'à une distance égale à la moitié de celle de l'œil au tableau , par exemple en* M , *fig.* XXIX , *que faudrait-il observer ?*

Il faudrait alors diviser R X et Z R en deux parties égales, et des points de division V et T on mènerait les droites V M , T M qui détermineraient également, par leur intersection avec les droites menées au point de vue ,les points J et L de la perspective du rectangle. On opèrerait de même de l'autre côté pour déterminer les points I, N. Si le point de distance n'était qu'au quart de la distance de l'œil au tableau , on diviserait R X et Z R en quatre parties égales, et on tirerait les lignes déterminantes , à partir du premier point de division.

On voit, par la solution de ce problème, que les lignes parallèles entre elles comme A C , B D , mais dans une autre position par rapport au tableau , tendent à se rencontrer.

Ceci est évident : car plus un objet s'éloigne , plus l'angle que forment les rayons visuels diminue. Observez, par exemple, une route bordée d'arbres également espacés , la distance comprise entre chacun semble diminuer à proportion que les rayons visuels s'étendent plus loin , et les parallèles que forment les arbres , ainsi que les bords des chemins , paraissent se rapprocher comme pour former un angle.

Dans la solution de ce problème le point de vue O se trouve à gauche pour faire voir qu'on peut le placer indifféremment, pourvu qu'on ait soin de décrire les arcs du côté opposé au point de distance , car autrement il n'y aurait point d'intersection pour déterminer les perspectives.

43. *Comment détermine-t-on la perspective d'un polygone quelconque, par exemple celle de l'hexagone, fig. XXX, situé sur l'horizon?*

On cherche la perspective de chacun des angles considérés comme des points qu'on joint ensuite deux à deux par des droites, et on a la perspective du polygone.

44. *Que faut-il faire pour mettre en perspective un pavé en dalles carrées, placé parallèlement au tableau, fig. XXXI?*

Porter sur la ligne de terre une longueur A I, égale à celle du pavé; diviser cette ligne en autant de parties que l'un des côtés du pavé contient de carreaux ; de ces points de division mener des droites A O, I O, I O, etc., au point de vue ; mener du point A la droite A P au point de distance, et mener, par les intersections qu'elle fait avec celles qu'on a menées au point de vue, des parallèles à la ligne de terre, et on a A B C I pour la perspective du pavé.

45. *Comment détermine-t-on la perspective d'un cercle placé sur l'horizon, fig. XXXII ?*

On partage sa circonférence en un nombre quelconque de parties égales, par exemple en six ; on cherche la perspective de chacun des points de division qui détermine le passage de la courbe, qui est une ellipse, formant la perspective du cercle. C'est ainsi qu'on déterminerait la perspective de toute autre figure curviligne.

46. *Comment divise-t-on une ligne fuyante en parties égales perspectives, par exemple A B, fig. XXXIII, en cinq parties?*

Après avoir tiré une droite A G, parallèle à la ligne de terre, on porte dessus cinq fois une même ouverture de compas, à partir du point A ; on tire ensuite la droite G B, dont le prolongement détermine sur la ligne d'horizon un point H d'où l'on mène des droites à tous les points de division, et la droite A B est divisée en parties égales perspectives.

Exercices. — Mettre en perspective différentes figures de planimétrie située sur l'horizon, comme des polygones réguliers et irréguliers, etc.

SECTION II.

.Manière de mettre en Perspective les objets situés dans l'espace et.du point de Fuite.

47. Q̄ue *faut-il faire pour trouver la perspective d'un point situé dans l'espace, à une hauteur égale à la longueur de* A B, *fig.* XXXIV ?

Il faut d'abord chercher la perspective de la projection horizontale I de ce point; et pour avoir la hauteur de ce point sur le tableau, il faut élever en un endroit quelconque J de la ligne de terre une perpendiculaire J E, égale à la hauteur donnée A B ; des extrémités J et E de cette droite, mener à un point quelconque C de la ligne d'horizon les droites J C, E C; mener par le point F une parallèle F L à la ligne de terre, et la perpendiculaire à N L élevée en L, où celle-ci rencontre C J, et qui est interceptée entre les côtés de l'angle C, donne la hauteur cherchée : il n'y a donc plus qu'à élever en F une verticale F M égale à L N, et son extrémité M est la perspective du point donné I.

48. *Que résulte-t-il de là ?*

Que pour avoir la perspective d'un objet quelconque élevé verticalement, comme un mur, une colonne, etc., il faut d'abord chercher la perspective de sa projection horizontale, ensuite celle de son sommet, et la ligne qui joint ces deux perspectives est elle-même celle de la partie de l'objet interceptée entre ces deux points. Ainsi dans la figure XXXIV ; supposé que F soit la perspective de la projection horizontale de l'axe d'une colonne, et M celle de son sommet, la droite F M est la perspective de l'axe même. Il suit encore de là que si l'on a une suite d'objets de même

hauteur et à une même distance du tableau, quand
on a, la perspective des bases, laquelle se trouve sur
une parallèle à la ligne de terre, et qu'on a la perspective de la hauteur de l'un de ces objets, on a aussi celle
des autres, comme on le voit dans la figure XXXV.
Mais il faudrait une opération pour chacun des objets
s'ils étaient autrement placés.

*49. *Que faut-il faire pour mettre en perspective
une pyramide, dont la base est représentée par le
polygone A, fig.* XXXVI*, et qui a une hauteur
perpendiculaire, égale à la longueur de* I J?

Il faut mettre sa base en perspective (N° 48), ainsi
que son centre A, dont la perspective est celle de la
projection horizontale de la hauteur perpendiculaire
de la pyramide ; placer ensuite la hauteur donnée
I J, en un point quelconque J de la ligne de terre
pour déterminer la perspective B du sommet de la pyramide ; des angles de la perspective de sa base on tire
des droites à ce point, et on a celle de la pyramide.

*50. *Que faut-il faire pour avoir celle du cube,
dont l'un des côtés est représenté par le carré* A,
fig. XXXVII?

Il faut mettre en perspective ce carré ; construire
un carré sur les droites E F, et un autre sur G H ;
joindre par les droites les angles I J, L N, et on a la
perspective demandée. On obtiendrait le même résultat en opérant comme pour les problèmes précédens
pour avoir les hauteurs du cube.

*51. *Comment détermine-t-on la perspective d'une
tour carrée, dont la projection horizontale est représentée par le carré* A, *fig.* XXXVIII, *et la hauteur
par la droite* E ?

Après avoir mis sa projection horizontale en perspective, on détermine celle de la hauteur en élevant
perpendiculairement à la ligne de terre, en un point
arbitraire, la droite F R égale à E ; de ses extrémités
F et R on mène à un point quelconque H de la ligne
d'horizon les droites F H, R H ; on mène ensuite I J

parallèlement à la ligne de terre, et la verticale J L, élevée au point J, détermine la hauteur de la perspective de l'angle fuyant de la tour. La hauteur de la face parallèle étant égale à la droite donnée, il n'y a donc plus qu'à joindre les points U et S, et on a B U S I pour la face fuyante de la tour, et B C D U pour la face parallèle.

*52. *Que faut-il faire pour partager la face fuyante en deux parties égales?*

Joindre les angles opposés de cette face par des diagonales, et la parallèle X Z aux côtés perpendiculaires, et qui passe par l'intersection des diagonales, divise perspectivement la face fuyante en deux parties égales.

Pour que la perspective produise tout son effet, il faut que le spectateur soit placé en devant du tableau, à une distance égale à celle où il était supposé derrière le même tableau pendant l'opération.

*53. *Qu'appelle-t-on point de fuite?*

C'est un point du tableau par où passe le prolongement des perspectives de toutes les parallèles.

*54. *Où se trouve le point de fuite?*

Dans l'endroit du tableau où passe la droite menée de l'œil parallèlement aux lignes données.

*55. *Que faut-il faire pour trouver le point de fuite des perspectives des parallèles horizontales?*

Soit à trouver le point de fuite des perspectives des droites A, B, C, *fig.* XXXIX; il faut faire passer par le point de vue O, une perpendiculaire L M à la ligne de terre; à partir du point L, porter sur cette droite une distance L M, égale à O P; par le point M mener une parallèle M N à l'une des proposées A, B, C; porter la distance L N de O en F, et F est le point cherché.

*56. *Si les droites dont on veut avoir le point de fuite des perspectives étaient obliques par rapport à l'horizon, fig. XL, que faudrait-il faire?*

On opèrerait comme il suit : soit A la projection

horizontale de l'une des droites proposées, et B, la projection verticale; il faudrait, après avoir porté sur L O une distance égale à celle de l'œil au tableau, tirer O N parallèle à A, et par le point L mener la verticale indéfinie N F; par le point O mener O F parallèle à B, qui déterminera par son intersection F avec la verticale N F, le point de fuite cherché.

Exercices. — Dessiner la perspective de la table, *fig.* LXXXIII, planche 58 :

Le point de vue est en O, un peu élevé, puisqu'il aperçoit le dessus de la table; le point de distance est en P, à une distance du point O, égale à celle de l'œil au tableau et dans une même direction horizontale.

Celle de la commode, *fig.* LXXXIV :

Le point de vue en O est dans une position contraire à celle de la figure précédente, ainsi que le point de distance P, ce qui fait voir l'objet dans un sens différent : l'œil de l'observateur est dans une position horizontale par rapport à O, et à une distance O P.

Celle du vase, *fig.* LXXXV :

Ce vase est supposé d'une grande dimension, puisque le point de vue, placé vis-à-vis du milieu de la hauteur, permet d'apercevoir le dessus du pied et le dessous de la moulure supérieure.

Celle de la chaise, *fig.* LXXXVI :

Les points de vue et de fuite sont à l'endroit où les parallèles horizontales A, B, C, D, E, F, etc., vont se rencontrer par la convergence; ces lignes sont supposées perpendiculaires à la ligne de terre du tableau qui reçoit la perspective.

Celle de l'intérieur d'un vestibule, *fig.* LXXXVII :

A, B, C, etc., sont les perspectives des poutres, elles sont au-dessus de l'observateur, placé dans la direction du milieu du carrelage, à une hauteur O et à une distance O P; L représente une porte fermée, I une porte ouverte, J sa baie; la partie O représente le fond du vestibule ; R et T sont la perspective des côtés vus de face ; P et V sont les faces fuyantes, c'est-à-dire les côtés du vestibule.

Celle des arcades, *fig.* LXXXVIII :

Après avoir tracé la perspective des piliers vus le plus en face, on décrit les cintres qui forment la première arcade; on joint le bas de ses arcs et on tire la ligne A P au point de vue O ; sa rencontre avec les parallèles qui joignent les extrémités des autres piliers', désigne le centre des autres arcs.

Celle de la façade d'une maison, *fig.* LXXXIX :

Les parties A sont les vues de face des pignons, B les côtés fuyans, c'est-à-dire la façade des ailes, et C la vue de face au loin. La grille paraît basse, étant vue par le haut.

DU COMPAS DE PROPORTION.

57. Qu'est-ce *que le compas de proportion?*

C'est un instrument assez semblable au pied de roi. Sur chacune de ses faces sont tracées deux lignes qui, se réunissant au centre de la charnière, forment un angle d'environ dix degrés. D'un côté les lignes sont divisées en parties égales de la même manière que l'échelle de proportion, *fig.* 60 ; c'est ce qu'on appelle *les parties égales.*

De l'autre côté les lignes sont divisées en 180 parties inégales; c'est ce qu'on appelle *les cordes.* Voici de quelle manière elles se tracent : sur la ligne de l'une des branches, on décrit une demi-circonférence qu'on divise en 180 degrés ; du centre de la charnière, et de chaque degré, on décrit un arc qui, venant aboutir à la ligne, y détermine la longueur des cordes correspondantes.

58. *Quel est l'usage du compas de proportion ?*

Les divisions des lignes et les ouvertures proportionnelles de cet instrument, servent à découvrir les rapports réciproques qui existent entre les lignes, les surfaces, les polygones, les solides semblables, les métaux de calibres proportionnels, et même entre les quantités numériques. Nous allons donner quelques-uns de ces usages.

59. *Que faut-il faire pour vérifier la ligne des parties égales?*

Il faut prendre avec un compas ordinaire sur la ligne des parties égales un intervalle quelconque, de 3o parties, par exemple; si cette ligne est bien divisée, l'ouverture du compas embrassera toujours 3o parties en quelque endroit qu'on le place. Ceci est évident puisque les divisions doivent être égales partout.

60. *Comment vérifie-t-on la ligne des cordes ?*

On prend sur la ligne des cordes une distance de deux points de division également éloignés de 120 l'un par défaut et l'autre par excès, par exemple, de 100 à 140. Cette distance portée sur le compas à partir du centre de la charnière, doit tomber sur 20, moitié du nombre compris entre 100 et 140. Si on prend de 90 à 150, on tombera sur 3o, etc. On démontre en trigonométrie le lemme dont cette propriété est une conséquence.

61. *Que faut-il faire pour vérifier la ligne des plans ?*

On prend avec un compas ordinaire la distance du centre de la charnière du compas de proportion à une division quelconque de la ligne des plans, par exemple à 5; la même ouverture portée de ce dernier point en avant doit tomber sur un chiffre qui indique un plan quadruple du premier, par conséquent sur 20. En effet, les surfaces sont entre elles comme le carré de leurs côtés homologues ; or le carré de 2 est quadruple du carré de 1 : donc, etc.

62. *Comment vérifie-t-on la ligne des solides ?*

On prend avec un compas la distance du centre de la charnière à tel point qu'on veut de la ligne des solides, par exemple à 5 ; cette même ouverture de compas portée en avant, à partir du point 5, doit tomber sur 40, nombre 8 fois plus fort que 5. En effet, les solides semblables sont entre eux comme le cube de leurs côtés homologues ; or le cube de 2 égale 8 fois celui de 1 : donc, etc.

63. *Que faut-il faire pour vérifier la ligne des polygones ?*

On prend avec un compas ordinaire sur la ligne des cordes la distance du centre de la charnière à la 60e division; on ouvre ensuite le compas de proportion de manière à ce que l'une des pointes du compas ordinaire tombe sur le point 6 de la ligne des polygones sur l'une et l'autre branche ; puis, sans déranger le compas de proportion, on prend la distance de 4 à 4 de la ligne des polygones : cette ouverture, portée sur la ligne des cordes, à partir de la charnière du compas, doit tomber sur 90 ; la distance de 8 à 8 doit tomber sur 45 ; celle de 5 à 5 doit tomber sur 72. En effet, la corde de l'hexagone sous-tend un arc de 60 degrés; celle du carré sous-tend un arc de 90; celle du pentagone un arc de 72 degrés, etc.

64. *Comment vérifie-t-on la ligne des métaux ?*

Pour opérer cette vérification, il faut d'abord connaître le poids d'un volume égal de chacun des métaux marqués sur le compas de proportion.

Les voici par ordre.

Or forgé, un centimètre cube pèse.	19	grammes	3617.
Plomb fondu.	11	id.	3523.
Argent fondu.	10	id.	4743.
Cuivre rouge fondu.	8	id.	7880.
Fer en barre.	7	id.	7880.
Étain fondu.	7	id.	2919.

L'or, qui est le plus dense de tous ces métaux, a son signe le plus près de la charnière du compas ; les signes des autres viennent ensuite par ordre de densité.

Pour les vérifier, il faut les comparer deux à deux. Soit à examiner si le signe de l'or et celui du plomb sont en rapport, il faut prendre la distance du centre de la charnière du compas au premier signe qui est celui de l'or ; on porte ensuite cette distance un peu plus haut que les chiffres de la ligne des solides qui indique la densité du plomb (11,3523). Puis, sans déranger le compas de proportion, on prend la distance du centre de la charnière au signe plomb ; en la portant sur la ligne des solides, elle doit indiquer la densité de l'or, c'est-à-dire 19,3617.

Les autres divisions se vérifient d'une manière analogue.

65. *Que faut-il faire pour vérifier la ligne du poids des boulets?*

La première division doit avoir 3 pouces ; car un boulet de 4 a 3 pouces de diamètre ou 0 m. c8121, et pèse 4 livres ou 1 kilo 958. Pour vérifier les autres calibres, portez sur les chiffres 4 et 4 de la ligne des solides une ouverture de compas égale à 3 pouces; la distance de 8 à 8 sera le diamètre d'un boulet de 8 livres, ou 3 kil. 91605. Celle de 12 à 12, le diamètre d'un boulet de 12 livres ou 5 kilo. 87408, etc.

Les divisions de la ligne du poids des boulets doivent égaler en longueur ces différentes distances si elles sont bien divisées. La ligne du calibre des pièces se vérifie d'une manière analogue.

USAGE DES LIGNES DU COMPAS DE PROPORTION.

66. *Comment pourrait-on prendre, sur une ligne donnée, un nombre quelconque de parties égales, par exemple les $\frac{25}{97}$, par le moyen du compas de proportion?*

Il faudrait prendre, avec le compas ordinaire, la longueur de la ligne donnée ; placer une des pointes du compas sur la quatre-vingt-dix-septième division, puis ouvrir le compas de proportion jusqu'à ce qu'on puisse appliquer l'autre pointe sur la quatre-vingt-dix-septième division de l'autre branche ; laissant le compas de proportion ainsi ouvert, on prendra la distance de 25 à 25, et l'on aura les $\frac{25}{97}$ de la ligne donnée.

67. *Que faut-il faire pour trouver une quatrième propor-*

tionnelle à trois lignes données, par le moyen du compas de proportion ?

Porter la longueur de la première ligne, du centre du compas sur une de ses branches marquant les parties égales, je suppose qu'elle tombe sur 31 ; prendre la longueur de la seconde ligne, et ouvrir le compas de proportion de manière que cette longueur soit comprise entre les numéros 31 et 31 de chaque branche; laisser le compas dans cette position, et porter la longueur de la troisième ligne, du centre sur les mêmes parties égales, je suppose qu'elle tombe sur la vingt-unième division ; la distance de 21 à 21 sera la quatrième proportionnelle.

68. *Comment peut-on trouver une troisième proportionnelle à deux lignes données ?*

Il faut porter la ligne qui forme le premier terme de la proportion, du centre du compas sur la ligne des parties égales, en 45 par exemple : ouvrir le compas de proportion de manière que la longueur de la seconde ligne soit comprise entre les numéros 45 et 45 de chaque branche ; conservant la même ouverture de compas, on portera cette même seconde ligne du centre sur la branche, et du point où elle tombera, on prendra la distance à la division correspondante ; elle sera la troisième proportionnelle demandée.

69. *Que faut-il faire pour trouver, au moyen du compas de proportion, le côté d'un polygone quelconque à inscrire dans un cercle ?*

Pour trouver le côté d'un polygone quelconque à inscrire dans un cercle, il faut porter une ouverture de compas égale au rayon de ce cercle sur les divisions 6 et 6 de la ligne des polygones ; après quoi, si l'on veut avoir le côté d'un pentagone, on prend la distance de 5 à 5 ; si c'est celui d'un octogone, on prend la distance de 8 à 8, etc.

Si le côté est donné, que ce soit, par exemple, celui d'un heptagone, on porte la longueur de cette ligne sur les chiffres 7 et 7, et la distance de 6 à 6 sera la longueur du rayon du cercle qui contiendra sept fois la ligne donnée.

70. *Comment peut-on connaître le nombre des degrés d'un angle ou d'un arc, par le moyen du compas de proportion?*

Il faut prendre une ouverture de compas ordinaire, égale au rayon de cet arc, et la porter sur le compas de proportion, en l'ouvrant de manière à ce que les pointes du compas qui contient cette longueur s'appliquent, l'une et l'autre, sur les numéros 60 et 60 des cordes de chaque branche; prendre ensuite une ouverture de compas égale à la corde de l'arc donné, la porter sur le compas de proportion, en suivant parallèlement les lignes des cordes marquées sur les deux branches ; l'endroit sur lequel se fera la rencontre des mêmes divisions, sera le nombre de degrés cherché.

71. *Que faut-il faire pour prendre, sur un cercle, un arc d'un nombre quelconque de degrés, de 25 par exemple?*

Après avoir ouvert le compas de proportion de manière que la distance du soixantième degré d'une branche au soixantième de l'autre, soit égale au rayon du cercle, on prendra la distance des deux vingt-cinquièmes divisions qu'on portera sur le cercle; la quantité que le compas embrassera sera l'arc demandé.

72. *Comment peut-on faire un angle d'un nombre de degrés demandé, par exemple de 50 ?*

Il faut tirer une ligne indéfinie ; de l'une de ses extrémités et d'un rayon arbitraire, décrire un arc indéfini; porter la longueur du rayon sur le compas de proportion de manière que les pointes du compas qui contient cette longueur, portent l'une et l'autre sur les numéros 60 et 60; conserver le compas de proportion dans la même ouverture, et prendre la longueur de l'écartement des numéros 50 et 50 de ses branches, la porter sur l'arc à partir de la ligne donnée, et tirer la ligne qui détermine l'angle.

73. *Que faut-il faire pour faire un plan dans un rapport donné?*

Pour faire un plan dans un rapport donné, comme, par exemple, un triangle, un cercle, etc., double, triple d'un autre plan semblable, on prend la longueur de l'un des côtés de la figure donnée, et on la porte sur les divisions 10 et 10 de la ligne des plans; la distance de 20 à 20 est alors la longueur du côté d'une figure semblable à la première, et double en superficie; la distance de 30 à 30 sera le côté d'une figure qui aura une surface triple. Pour diminuer les figures, on suivrait une marche inverse.

74. *Que faut-il faire pour trouver une moyenne proportionnelle entre deux lignes données?*

Pour trouver une moyenne proportionnelle entre deux lignes données, on porte d'abord chacune de ces lignes sur les parties égales pour savoir combien chacune en contient de parties : supposons qu'on ait trouvé que la petite a 20 parties et la grande 45; on porte ensuite la grande ligne sur les chiffres 45 et 45 de la ligne des plans : la distance de 20 à 20 égalera la moyenne proportionnelle demandée. En portant cette distance sur les parties égales, on trouvera qu'elle en comprend 30.

Ceci est évident, le plan sur l'ouverture 45 est au plan sur l'ouverture 20, en raison doublée de l'ouverture 45 à l'ouverture 20, lesquelles égalent les côtés homologues : la distance de 45 à 45 et celle de 20 à 20 qui est trente, et le nombre 20 sont donc en proportion continue : donc, etc.

75. *Que faut-il faire pour trouver, au moyen du compas de proportion, le côté d'un solide double d'un autre?*

Il faut porter en travers la longueur de l'un des côtés du solide donné sur une division quelconque de la ligne des solides, par exemple 10 sur 10; la distance de 20 à 20 sera le côté homologue d'un solide double du premier, parce que 20 est le double de 10, et la distance de 30 à 30 donnerait le côté d'un solide triple, parce que 30 est le triple de 10, etc.

76. *Comment peut-on déterminer, au moyen du compas de proportion, le poids d'un solide quelconque, semblable à un autre de même nature dont le poids est connu?*

Il faut déterminer l'ouverture du compas de proportion, en portant en travers la longueur de l'un quelconque des côtés du solide dont on connaît le poids, sur les chiffres qui expriment ce poids, par exemple sur 10 et 10, si l'objet pèse 10 livres; les chiffres où cadrera la longueur du côté homologue du solide dont on veut avoir la pesanteur indiqueront son poids.

77. *Quel sera le côté homologue d'un objet en argent qui doit peser autant qu'un autre objet semblable en or et dont le côté correspondant est de 2 centimètres?*

Portez sur le compas de proportion une ouverture de compas de 2 centimètres sur les signes de l'or; la distance entre les signes de l'argent indiquera la longueur du côté correspondant de l'objet en argent, cette distance portée sur le mètre donnera 0 m. 025 à peu près.

Si l'objet devait être en plomb, on prendrait sur la deuxième marque qui est celle du plomb; s'il devait être en cuivre, sur la quatrième, etc.

78. *On demande de déterminer au moyen du compas de proportion quel est le poids d'une boule de cuivre de 2 pouces de diamètre ou 0 m, 05414?*

Portez sur le compas de proportion au signe cuivre une ouverture de compas égale à deux pouces, et prenez le diamètre d'une boule de fer qui pèserait autant; prenez ensuite une ouverture de compas égale au calibre d'un boulet de 4, marqué sur le bord extérieur du compas, et portez-la sur les chiffres 40 et 40 de la ligne des solides; les chiffres où cadrera le diamètre de la boule de fer égale en poids à celle de cuivre, donneront le poids de cette dernière : on trouvera 1 livre et $\frac{4}{11}$ à peu près, ou 0 k. 6853.

AVIS

SUR L'ENSEIGNEMENT DU DESSIN LINÉAIRE.

Pour obtenir de prompts résultats dans l'enseignement du Dessin linéaire, il faut diviser en quatre sections les enfans qui l'étudient, et les exercer de la manière suivante : ceux de la première, ou commençans, étant placés en regard du tableau sur lequel sont tracées les figures dont la connaissance est la plus nécessaire, nommeront d'abord ces figures à mesure qu'elles leur seront montrées par le maître ou par le répétiteur, et lorsqu'ils les sauront bien, ils passeront à la seconde, et désigneront les principaux caractères de ces mêmes figures, ainsi qu'il est marqué sur les tableaux mêmes (1).

Ceux de la troisième traceront eux-mêmes sans instrumens, sur le tableau noir, et à tour de rôle, les figures qui leur seront demandées par le maître ou par le répétiteur, et en désigneront de suite les principaux caractères.

Pendant ces démonstrations, les élèves de la quatrième section s'exerceront, sous la surveillance du maître ou d'un répétiteur, à tracer avec les instrumens les figures de la leçon mensuelle qu'ils devront réciter ensuite, suivant le règlement de l'école.

FIGURES A MONTRER AUX ÉLÈVES DE LA PREMIÈRE ET DE ·LA
SECONDE SECTION.

Ligne droite.	Cercle.
Ligne courbe.	Diamètre.
Ligne mixte.	Rayon.
Ligne brisée.	Corde.
Ligne verticale.	Arc.
Ligne horizontale.	Flèche.
Ligne perpendiculaire.	Tangente.
Perpendiculaire au milieu d'une ligne.	Sécante.
	Lignes droites parallèles.
id. à l'extrémité d'une ligne.	Lignes courbes parallèles.
id. sur un point donné d'une ligne.	Droites parallèles passant par un point donné.
id. passant par un point donné hors d'une ligne.	Ligne droite partagée en deux parties égales.
Ligne oblique.	*id.* partagée en quatre parties égales.
Ligne circulaire ou circonférence.	*id.* partagée en autant de par-

(1) Exemple : ligne droite, parce que tous les points qui la composent sont dans la même direction, etc.

ties que l'on veut.

Ligne courbe partagée en deux parties égales.

id. partagée en quatre parties égales.

id. partagée en autant de parties égales que l'on veut.

Rapporteur.

Degrés du Rapporteur.

Angle droit.

Angle aigu.

Angle obtus.

Sommet d'un angle.

Angles égaux.

Angle partagé en deux parties égales.

Angle rectiligne.

Angle curviligne.

Angle mixtiligne.

Triangle.

Base d'un triangle.

Hauteur d'un triangle.

Triangle rectangle.

Hypothénuse.

Triangle équilatéral.

Triangle isocèle.

Triangle scalène.

Triangle en trois parties égales parallèlement à la base.

Triangle en trois parties à partir de la base.

Quadrilatère.

Carré.

Diagonale.

Rectangle.

Losange ou Rhombe.

Rhomboïde.

Trapèze.

Trapezoïde.

Polygone.

Pentagone.

Hexagone.

Heptagone.

Octogone.

Ennéagone.

Polygone régulier.

Polygone irrégulier.

Triangle inscrit.

Triangle circonscrit.

Carré inscrit.

Carré circonscrit.

Cube.

Parallélipipède.

Prisme.

Cylindre.

Pyramide.

Pyramide droite.

Hauteur de la pyramide droite.

Pyramide oblique.

Haut. de la pyramide oblique

Pyramide tronquée.

Cône droit.

Hauteur du cône droit.

Cône oblique.

Hauteur du cône oblique.

Cône tronqué.

Sphère.

Ellipse.

Grand axe.

Petit axe.

Anse de panier.

Ovale.

Spirale.

Filet.

Larmier.

Plate-bande.

Quart de rond.

Quart de rond plat.

Baguette.

Tore.

Gorge.

Cavet.

Congé.

Scotie.

Talon.

Doucine.

Piédestal.

Colonne.

Entablement.

Base.

Dé.

Corniche.

Base.

Fût.

Chapiteau.

Architrave.

Frise.

Corniche.

QUESTIONS A FAIRE AUX ÉLÈVES DE LA TROISIÈME SECTION.

Tracez une ligne droite.

Tracez une ligne courbe.

Tracez une ligne mixte.

Tracez une ligne brisée.

Tracez une ligne verticale.

Tracez une ligne horizontale.

Abaissez une perpendiculaire sur une ligne.

Abaissez une perpendiculaire au milieu d'une ligne.

Abaissez une perpendiculaire à l'extrémité d'une ligne.

Abaissez une perpendiculaire à un point donné d'une ligne.

Abaissez une perpendiculaire passant par un point donné hors d'une ligne.

Tracez une ligne oblique.

Décrivez une circonférence.

Nommez l'espace compris dans la circonférence.

Tracez un diamètre.

Tracez un rayon.

Tracez une corde.

Décrivez un arc.

Tracez une flèche.

Tracez une droite tangente à un cercle.

Tracez une sécante.

Menez une parallèle à une ligne droite.

Menez une parallèle passant par un point donné.

Menez une parallèle à une ligne courbe.

Partagez une droite en deux parties égales.

Partagez une droite en quatre parties égales.

Partagez une droite en cinq parties égales.

Partagez un arc en deux parties égales.

Partagez une ligne courbe en quatre parties égales.

Partagez un arc en 5 part. égal.

Tracez un rapporteur.

Divisez un rapporteur en ses 180 degrés.

Tracez un angle droit.

Tracez un angle aigu.

Tracez un angle obtus.

Montrez le sommet d'un angle.

Faites un angle égal à un autre.

Doublez un angle.

Triplez un angle.

Partagez un angle en deux parties égales.

Partagez un angle en quatre parties égales.

Tracez un angle rectiligne.

Tracez un angle curviligne.

Tracez un angle mixtiligne.

Faites un triangle.

Montrez la base d'un triangle.

Indiquez la haut. d'un triangle.

Faites un triangle équilatéral.

Faites un triangle isocèle.

Faites un triangle scalène.

Faites un triangle rectangle.

Nommez les trois lignes du triangle rectangle.

Faites un triangle acutangle.

Faites un triangle obtusangle.

Indiquez la hauteur d'un triangle acutangle.

id. d'un triangle obtusangle.

Tracez un quadrilatère.

Tracez un carré.

Tracez une diagonale.

Tracez un rectangle.

Tracez un losange ou rhombe.

Tracez un rhomboïde.

Tracez un trapèze.

Tracez un trapézoïde.

Tracez un polygone.

Tracez un pentagone.

Tracez un hexagone.

Tracez un heptagone.

Tracez un octogone.

Tracez un ennéagone.

Tracez un décagone.

Tracez un polygone régulier.
Tracez un polygone irrégulier.
Tracez un triangle inscrit.
Tracez un triangle circonscrit.
Tracez un carré inscrit.
Tracez un carré circonscrit.
Construisez un cube.
Faites un parallélipipède.
Faites un prisme triangulaire.
Tracez un cylindre.
Faites une pyramide triangu-
laire droite.
Montrez la hauteur d'une py-
ramide.
Faites une pyramide oblique.
Montrez la hauteur d'une pyra-
mide oblique.
Faites une pyramide tronquée.
Tracez un cône droit.
Indiq. la haut. d'un cône droit.
Tracez un cône oblique.
Indiquez la hauteur d'un cône
oblique.
Tracez un cône tronqué.
Tracez une sphère.
Décrivez une ellipse.
Indiquez le grand axe.

Indiquez le petit axe.
Tracez une anse de panier.
Tracez un ovale.
Tracez une spirale.
Tracez un filet.
Tracez un larmier.
Tracez une plate-bande.
Tracez un quart de rond.
Tracez un quart de rond plat.
Tracez une baguette.
Tracez un tore.
Tracez une gorge.
Tracez un cavet.
Tracez un congé.
Tracez une scotie.
Tracez un talon.
Tracez une doucine.
Montrez et nommez les trois
parties qui forment un ordre.
Montrez et nommez celles qui
composent le piédestal.
Montrez et nommez les trois
parties qui composent la
colonne.
Montrez et nommez les trois
parties qui composent l'enta-
blement.

QUATRIÈME SECTION.

Les Elèves de la quatrième section répondront aux demandes ci-dessus, et ensuite à toutes celles qui, dans les Cours, sont marquées d'un astérisque. Ils traceront, avec instruments, les figures qui y auront rapport en les expliquant.

Du point et des lignes.

6. Qu'est-ce qu'un point. — 7. Qu'est-ce qu'une ligne. — 8. Qu'est-ce que la ligne droite. — 9. Qu'est-ce que la ligne courbe. — 10. Combien y a-t-il de sortes de lignes droites. — 11. Combien y a-t-il de sortes de lignes courbes. — 12. Qu'appelle-t-on circonférence. — 14. Comment trace-t-on une ligne droite. — 15. Quand est-ce qu'une ligne droite est indéterminée. — 16. Quand est-ce qu'une ligne droite est déterminée. — 17. Comment trace-t-on une circonférence de cercle. — 18. Qu'est-ce que mesurer une ligne.

Du cercle. — Graduation du cercle.

19. Qu'est-ce qu'on appelle cercle. — 20. En combien de parties divise-t-on ordinairement la circonférence du cercle. —

21. Toutes les circonférences sont-elles susceptibles de cette division.

Des lignes considérées à l'égard du cercle.

24. Quelles sont les lignes considérées à l'égard du cercle. — 25. Qu'est-ce que le diamètre.—26. Qu'appelle-t-on rayons. — 27. Combien le diamètre vaut-il de rayons. — 28. Qu'appelle-t-on arcs.—29. Qu'appelle-t-on cordes ou sous-tendantes.—3o. Qu'est-ce que la flèche. — 31. Qu'appelle-t-on sécante. — 32. Qu'appelle-t-on tangente.

Différentes espèces de lignes droites, et manière de tracer les perpendiculaires.

33. Qu'appelle-t-on perpendiculaire. — 34. Qu'appelle-t-on ligne oblique.—35. Qu'appelle-t-on verticale.—36. Qu'appelle-t-on ligne horizontale. — 38. Que faut-il faire pour élever une perpendiculaire sur le milieu d'une ligne donnée. — 39. Si le point où doit tomber la perpendiculaire est indiqué en un endroit quelconque, que faut-il faire. — 4o. Que faut-il faire pour élever une perpendiculaire à l'extrémité d'une ligne. — 41. Si le point où l'on veut que la perpendiculaire passe est donné hors de la ligne, que faut-il faire. — 43. De quoi se sert-on pour mener des perpendiculaires lorsqu'on veut abréger.—44. Qu'est-ce que l'équerre dont se servent ordinairement les dessinateurs. —45. Que faut-il faire pour mener des perpendiculaires à une ligne, au moyen de l'équerre.

Des parallèles et de la manière de les tracer.

49. Qu'appelle-t-on lignes parallèles. — 5o. Que faut-il faire pour mener une parallèle à une ligne droite.—51. Et si l'un des points par où il faut que la parallèle passe est donné. — 52. Comment mène-t-on une parallèle à un arc dont on connaît le centre.

Division des lignes.

54. Que faut-il faire pour partager une droite en deux parties égales. —57. Que faut-il faire pour diviser une droite en autant de parties égales que l'on veut, en cinq parties par exemple. — 58. Comment partage-t-on la courbe en deux parties égales. —59. Que faut-il faire pour la partager en quatre parties égales.

Des angles, de leur mesure et de la manière de déterminer leur valeur.

6o. Qu'est-ce qu'un angle. — 61. Comment nomme-t-on les angles par rapport à leurs côtés.—63. Quelle est la mesure d'un angle.—64. Comment appelle-t-on les angles par rapport à leur nombre de degrés.—65. De quoi se sert-on pour déterminer la valeur des angles. — 66. Comment se sert-on du rapporteur pour déterminer la valeur d'un angle.

Manière de copier les angles et de les diviser.

71. Que faut-il faire pour tracer, sur une ligne donnée, un angle égal à un autre.—72. Comment partage-t-on un angle en deux parties égales.

Détermination des lignes courbes.

78. Quand est-ce qu'une courbe est indéterminée.—79. Quelle est la propriété d'une perpendiculaire, élevée sur le milieu de la corde d'un cercle. — 81. Quand est-ce qu'une courbe est déterminée. — 82. Où se fait l'intersection de deux perpendiculaires, élevées sur le milieu de deux cordes.—83. Quelle conséquence tirez-vous de là.

Des proportions.

92. Qu'appelle-t-on lignes proportionnelles. —93. Quand est-ce que quatre lignes forment une proportion. — 96. Que faut-il faire pour trouver une quatrième proportionnelle à trois lignes données. —98. Que faut-il faire pour avoir une troisième proportionnelle à deux lignes données.—99. Que faut-il faire pour trouver une moyenne proportionnelle entre deux lignes données. — 100. Que faut-il faire pour couper une ligne en moyenne et extrême raison.

Division de la circonférence du cercle.

102. Comment partage-t-on la circonférence en deux parties égales. — 103. Comment la partage-t-on en trois, en six et en douze parties égales. — 105. Comment partage-t-on la circonférence en sept et en quatorze parties égales. — 109. Comment pourrait-on diviser la circonférence en un nombre quelconque de parties égales, par exemple en sept parties égales.— 110. Comment peut-on diviser un arc quelconque en autant de parties égales que l'on veut, par exemple en neuf.

De l'échelle de proportion.

111. De quoi se sert-on pour établir un rapport entre des lignes d'une grande dimension et d'autres plus courtes. — 112. Qu'est-ce que l'échelle de proportion.

Des surfaces en général.

115. Qu'appelle-t-on surfaces ou superficies.—116. Qu'appelle-t-on surfaces planes. — 117. Qu'est-ce qu'une surface concave. — 118. Qu'appelle-t-on surface convexe. — 119. Comment nomme-t-on les surfaces déterminées par des lignes droites. — 120. Et celles qui sont renfermées par des lignes courbes. — 121. Combien y a-t-il de sortes de polygones. — 122. Qu'est-ce qu'un polygone régulier.—123. Qu'est-ce qu'un polygone irrégulier.

Des triangles et de la valeur de leurs angles.

124. Qu'est-ce qu'un triangle.—125. Combien distingue-t-on de sortes de triangles par rapport aux lignes dont ils sont formés.

—126.Combien distingue-t-on de sortes de triangles rectilignes, par rapport à leurs côtés.—127. Quels noms donne-t-on encore aux triangles par rapport à leurs angles. —128. Comment appelle-t-on le grand côté du triangle rectangle. —129. Combien les trois angles d'un triangle ont-ils de degrés. — 131. Qu'appelle-t-on hauteur d'un triangle.

Construction des triangles.

132. Combien faut-il de conditions pour déterminer un triangle. — 133. Que faut-il faire pour tracer un triangle dont on connaît la longueur des côtés. —134. Que faut-il faire pour construire un triangle équilatéral dont on connaît la longueur de l'un des côtés.—135. Connaissant la longueur des deux côtés de l'angle droit d'un triangle rectangle, que faut-il faire pour le construire. — 136. Comment construit-on un triangle isocèle dont les côtés égaux ont chacun la longueur d'une ligne donnée, connaissant l'angle qu'ils forment. — 137. Comment trace-t-on un triangle dont on connaît deux côtés, et l'angle qu'ils doivent former. —138. Que faut-il faire pour construire un triangle dont on donne un côté et les deux angles qui doivent être à ses extrémités.—139. Connaissant deux côtés d'un triangle acutangle et l'angle opposé à l'un d'eux, que faut-il faire pour le construire. — 140. Comment trace-t-on un triangle dont on connaît deux angles et le côté opposé à l'un d'eux. — 141. Que faudrait-il faire pour construire un triangle dont la longueur de chaque côté serait donnée en nombre.

Des quadrilatères.

142. Qu'appelle-t-on quadrilatère. —144. Qu'est-ce que le carré. — 145. Qu'appelle-t-on rectangle. — 146. Qu'appelle-t-on rhombe ou losange. — 147. Qu'est-ce que le rhomboïde. — 148. Quel nom général donne-t-on aux quadrilatères qui ont les lignes parallèles deux à deux. — 149. Qu'appelle-t-on trapèze.

Construction des quadrilatères.

151. Que faut-il faire pour tracer un carré dont on connaît un des côtés.—152. Et si on ne connaît que la diagonale, que faut-il faire. — 154. Connaissant les deux côtés adjacents d'un rectangle, que faut-il faire pour le construire. — 157. Que faut-il faire pour construire un losange dont on connaît les deux diagonales. — 158. Comment construit-on un trapézoïde dont on connaît les quatre côtés. — 159. Connaissant les quatre côtés d'un quadrilatère quelconque et la diagonale qui joint le second angle au point de départ, que faut-il faire pour le construire.

Désignation des polygones réguliers.

160. Comment désigne-t-on ordinairement les polygones. — 161. Quels noms donne-t-on aux polygones. — 162. Comment

8.

prouve-t-on la régularité de tous les polygones.—163. Que faut-il faire pour circonscrire une circonférence à un polygone régulier. — 164. Que faut-il faire si on veut l'inscrire dans le polygone. — 165. Comment trouve-t-on le centre d'un polygone régulier.—166. Et si le polygone donné a un nombre impair de côtés.

Construction des polygones réguliers.

169. Que faut-il faire pour inscrire dans une circonférence donnée un polygone régulier d'un nombre quelconque de côtés, par exemple de six côtés.—170. Que faut-il faire pour circonscrire à une circonférence un polygone d'un nombre de côtés donnés, par exemple de sept côtés. — 171. Connaissant l'un des côtés d'un polygone régulier d'un nombre quelconque de côtés, par exemple d'un pentagone, que faut-il faire pour le construire.—172. Comment construit-on un polygone étoilé.

Réduction des triangles en d'autres de même superficie, et de leur division.

198. Que faut-il faire pour réduire au triangle rectangle un autre triangle quelconque, en lui conservant la même base et la même superficie. — 199. Comment peut-on rendre isocèle un autre triangle quelconque, en lui conservant la même superficie. — 201. Que faut-il faire pour tracer un cercle dans un triangle quelconque, de manière que les côtés du triangle soient tangens à sa circonférence.

Des solides ; leur définition.

249. Qu'appelle-t-on solides.—250. Quels sont les principaux solides.—251. Qu'est-ce que le cube.—252. Qu'est-ce que le parallélipipède.—253. Qu'est-ce que le prisme.—254. En distingue-t-on de plusieurs sortes. — 255. Qu'appelle-t-on cylindre. —256. Qu'est-ce qu'une pyramide. — 257. Qu'appelle-t-on cône. — 260. Qu'est-ce que la sphère qu'on appelle aussi boule ou globe. — 261. Quels sont les noms qu'on donne aux différentes lignes qui se trouvent dans la sphère. — 262. Quelles sont les parties principales de la surface de la sphère. — 263. Qu'est-ce que la zone. — 264. Qu'est-ce que la calotte sphérique. — 265. Qu'appelle-t-on fuseau sphérique. — 266. Quelles sont les principales parties solides considérées dans la sphère. — 267. Qu'appelle-t-on segment sphérique.—268. Quelle est la hauteur de la zone et du segment sphérique. — 269. Qu'appelle-t-on coin ou onglet sphérique.—270. Qu'appelle-t-on secteur sphérique. — 271. Quels sont les cinq polyèdres considérés dans la sphère. — 272. Qu'est-ce que le tétraèdre.—273. Qu'appelle-t-on hexaèdre. —274. Qu'est-ce que l'octaèdre.— 275. Qu'appelle-t-on dodécaèdre. — 276. Qu'est-ce que l'icosaèdre.

Figures curvilignes à plusieurs centres. — Définition des figures curvilignes.

Construction des figures curvilignes.

Des moulures.

Des projections.— Idée générale des projections.

Lever des plans. — Idée générale du lever des plans, et manière d'en représenter les différentes parties.

Manière de lever un plan à l'aide de la chaîne seulement.

421. Qu'y a-t-il à observer touchant la manière de mesurer, avec la chaîne, les dimensions du terrain dont on veut lever le plan.—422. Que faut-il faire pour lever le plan d'un terrain qu'on peut parcourir. —423. Comment peut-on encore lever le plan d'un terrain par le moyen de la chaîne.—424. Comment peut-on lever le plan d'un terrain quelconque dont quelques-uns des côtés forment des sinuosités.—426. Comment lèverait-on le plan d'une maison et d'une cour adjacente.—427. Si l'on avait à mesurer un angle formé par deux plans, que faudrait-il faire. — 428. Que faut-il faire pour lever le plan de l'intérieur d'une maison, avec ses différentes distributions.

Manière de copier les figures irrégulières.

434. Qu'appelle-t-on figures irrégulières. — 435. Que faut-il faire pour copier une figure irrégulière.

Manière d'augmenter ou de diminuer les dimensions d'un dessin dans un rapport donné.

436. Comment réduit-on les dimensions d'un dessin dans un rapport donné, par exemple la *fig.* 266 à celle 268, dans les rapports de B C à D E.

FIN.

TABLE.

ABRÉGÉ D'ARCHITECTURE.

FIN DE LA TABLE.

TOURS. — IMPRIMERIE MAME.

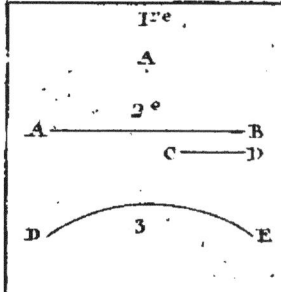
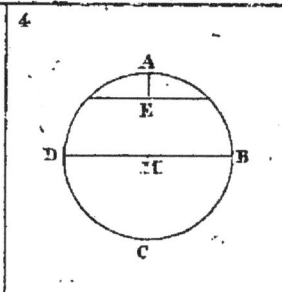
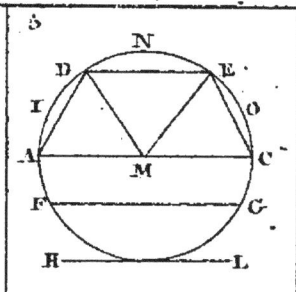
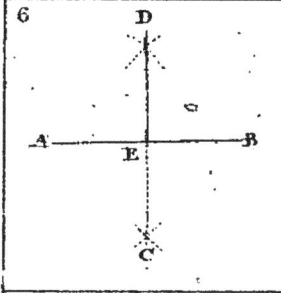
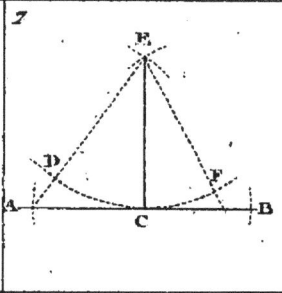
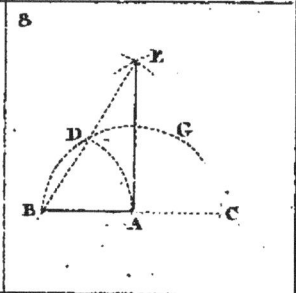
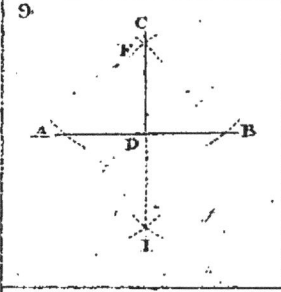
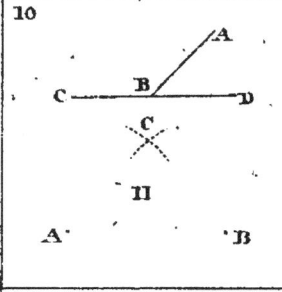
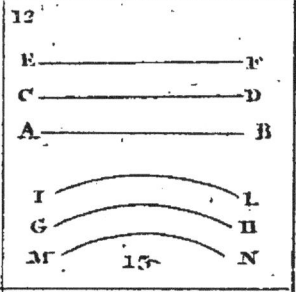
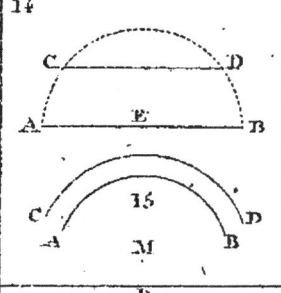
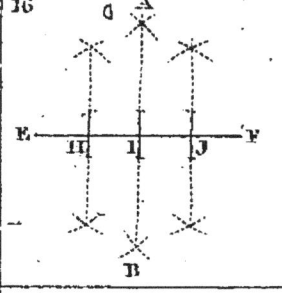
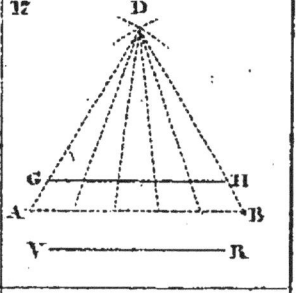
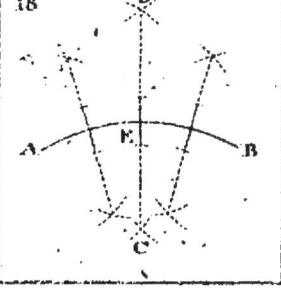
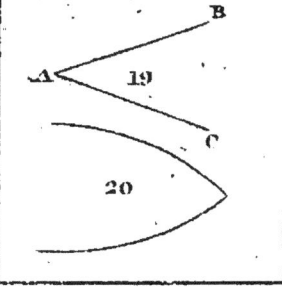
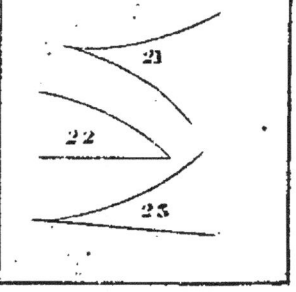

24
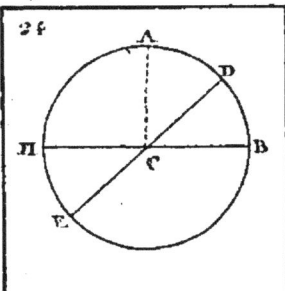

25
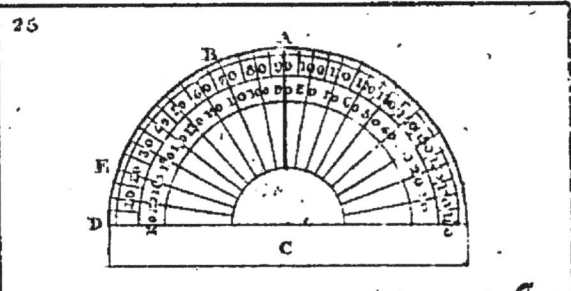

26
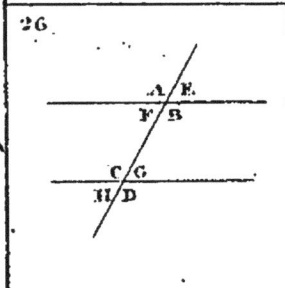

27
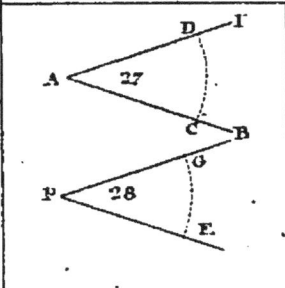

28

29
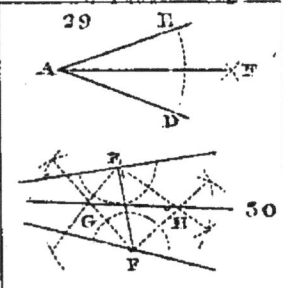

30

31
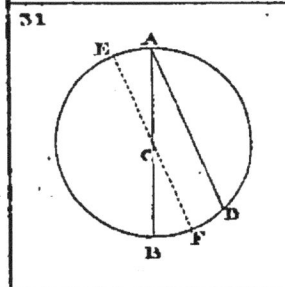

32
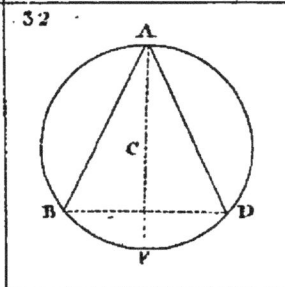

33
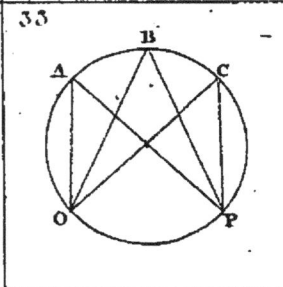

34
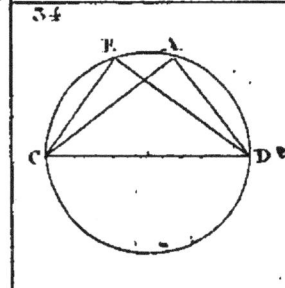

35
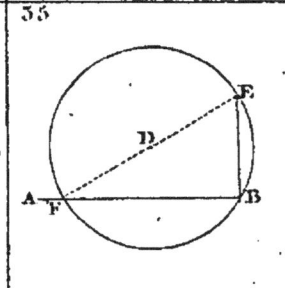

36
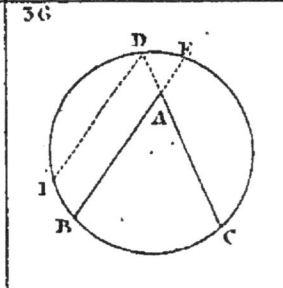

37
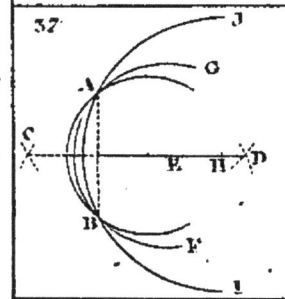

38
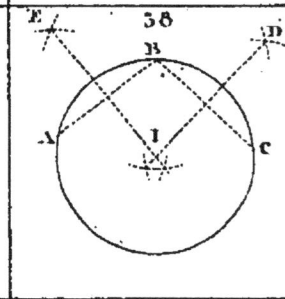

39
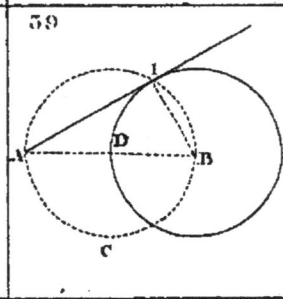

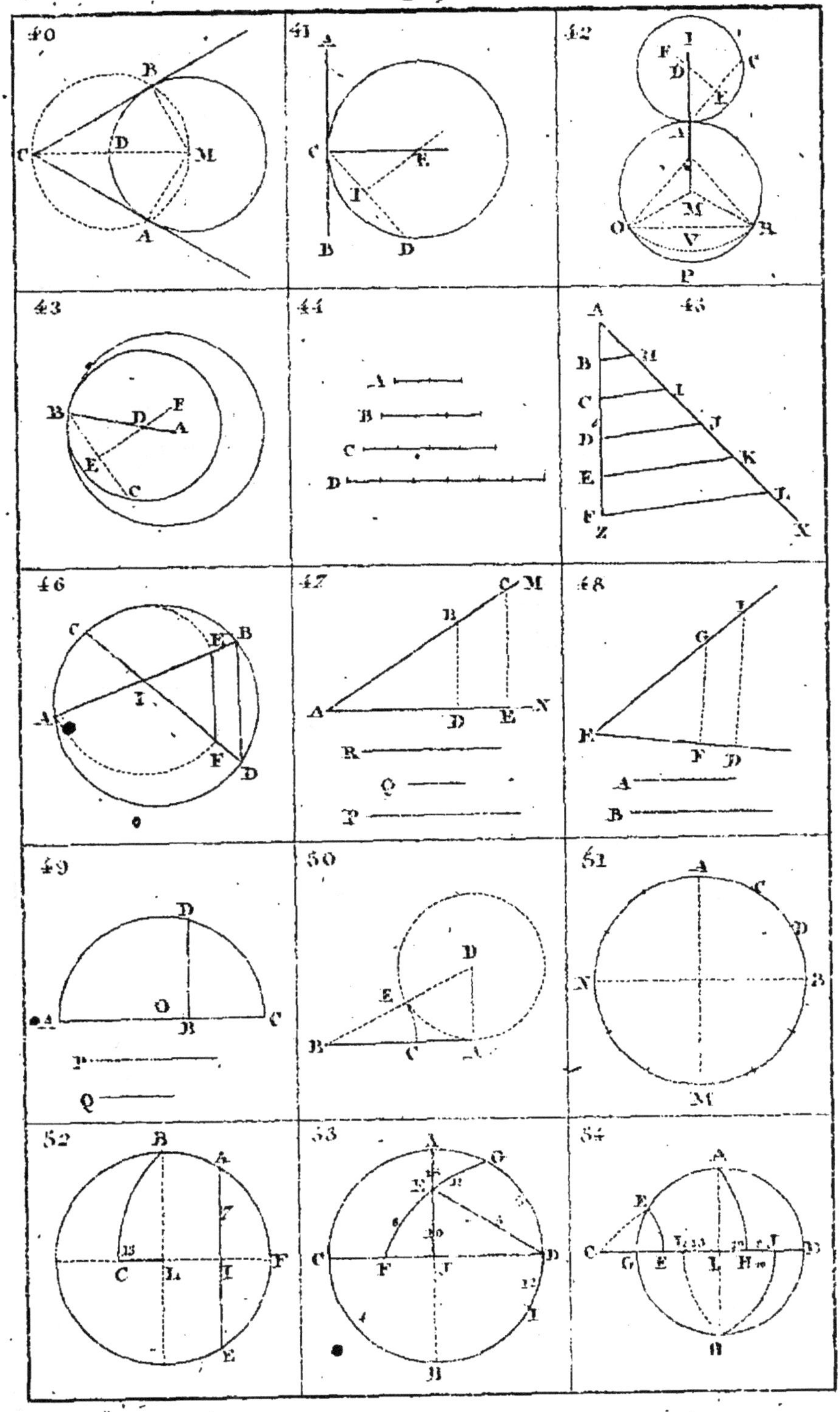
40
B
C
D
M
A
41
A
C
E
I
B
D
42
I
F
D
C
A
M
O
R
V
P
43
B
D
F
A
E
C
44
A
B
C
D
45
A
B
H
C
I
D
J
E
K
L
F
Z
X
46
C
E
B
A
I
F
D
47
C M
B
A
D
E
N
R
Q
P
48
I
G
E
F
D
A
B
49
D
O
A
B
C
P
Q
50
D
E
B
C
51
A
C
D
N
B
M
52
B
A
C
L
I
F
E
53
A
G
E
C
F
D
I
B
54
A
E
C
G
E
L
H
J
D

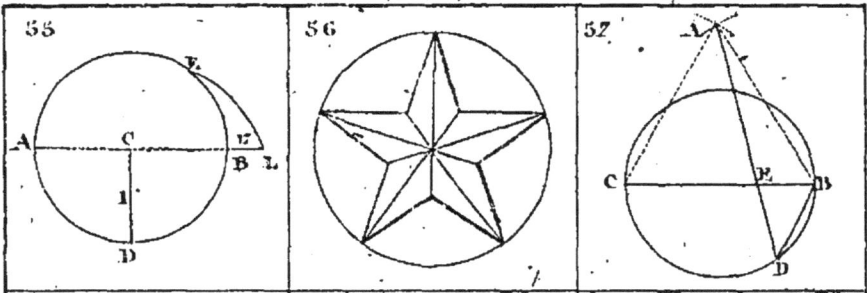

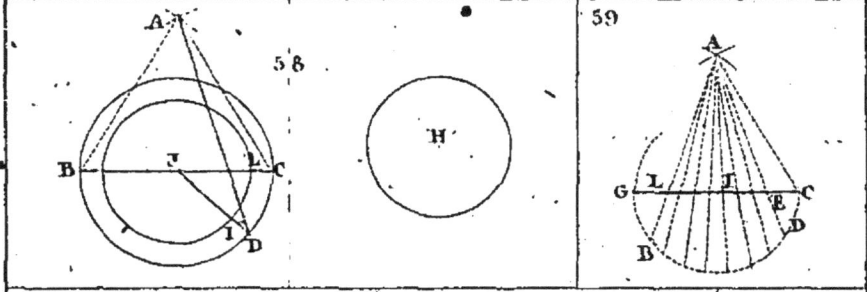

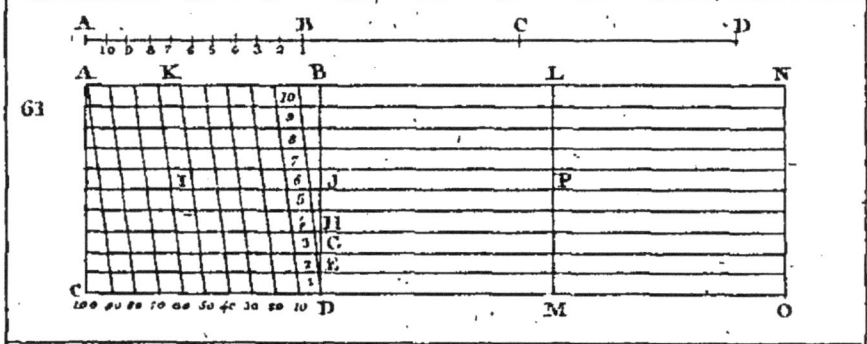

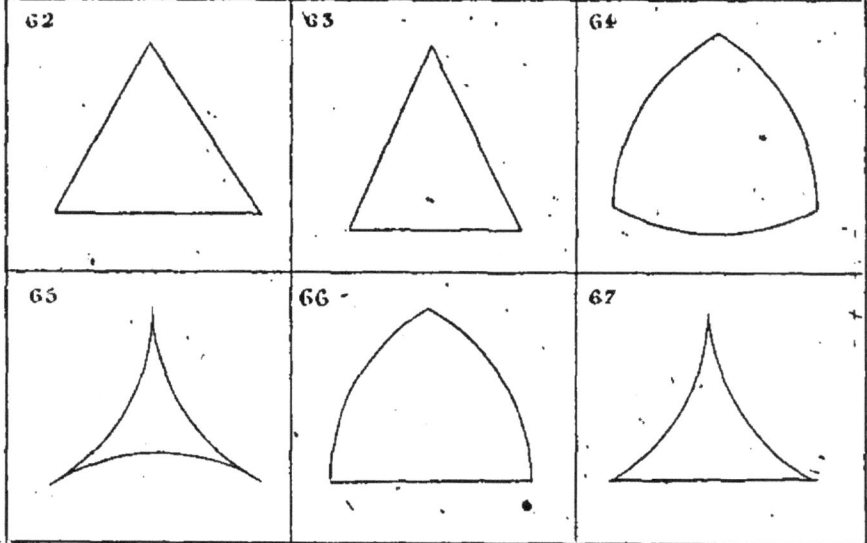

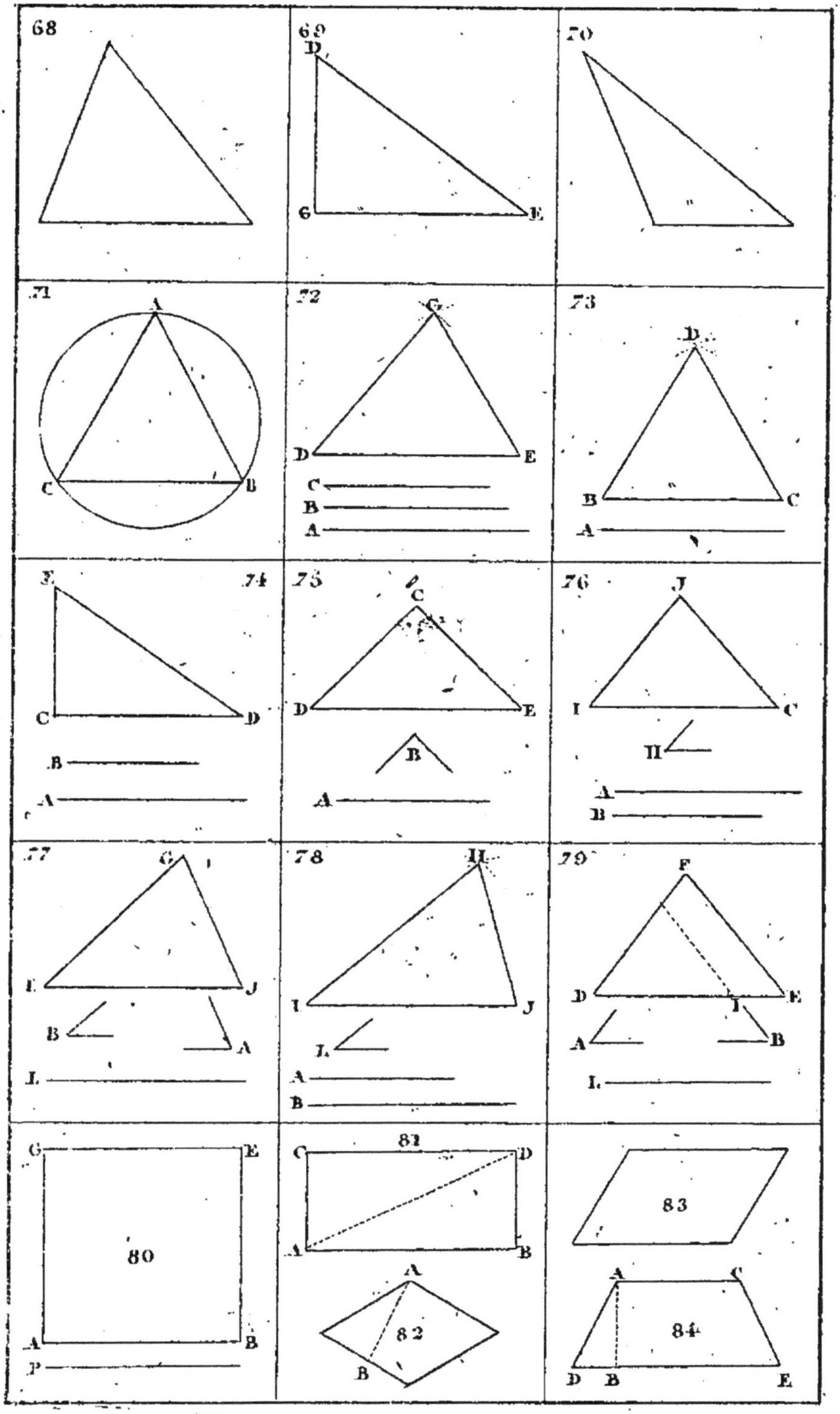

68

69
D
G E

70

71
A
C B

72
G
D E
C
B
A

73
D
B C
A

74
F
C D
B
A

75
C
D E
B
A

76
J
I C
H
A
B

77
G
E J
B A
L

78
H
I J
L
A
B

79
F
D I E
A B
L

80
G E
A B
P

81
C D
A B

82
A
B

83

84
A C
D B E

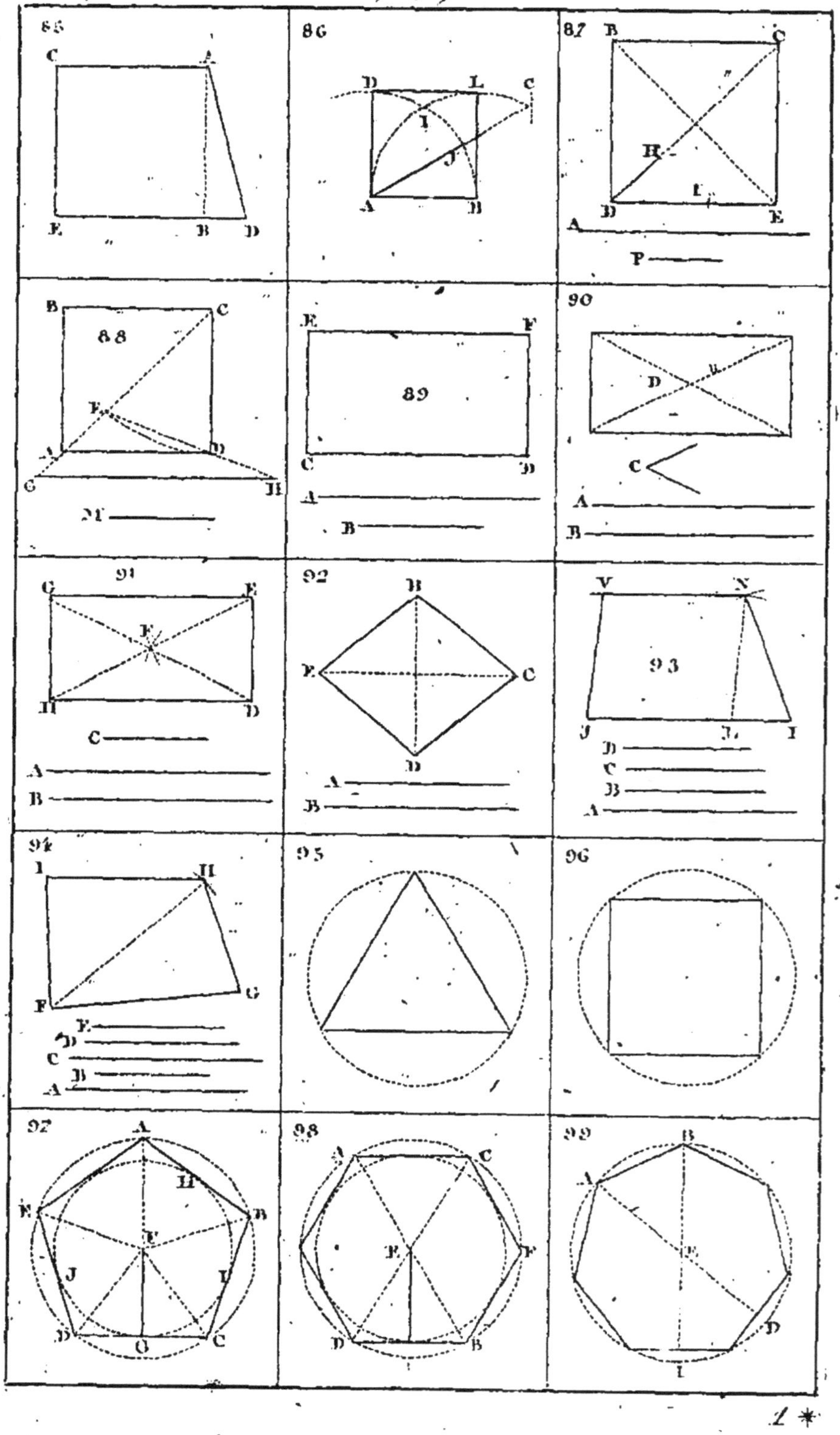

85

86

87

88

89

90

91

92

93

94

95

96

97

98

99

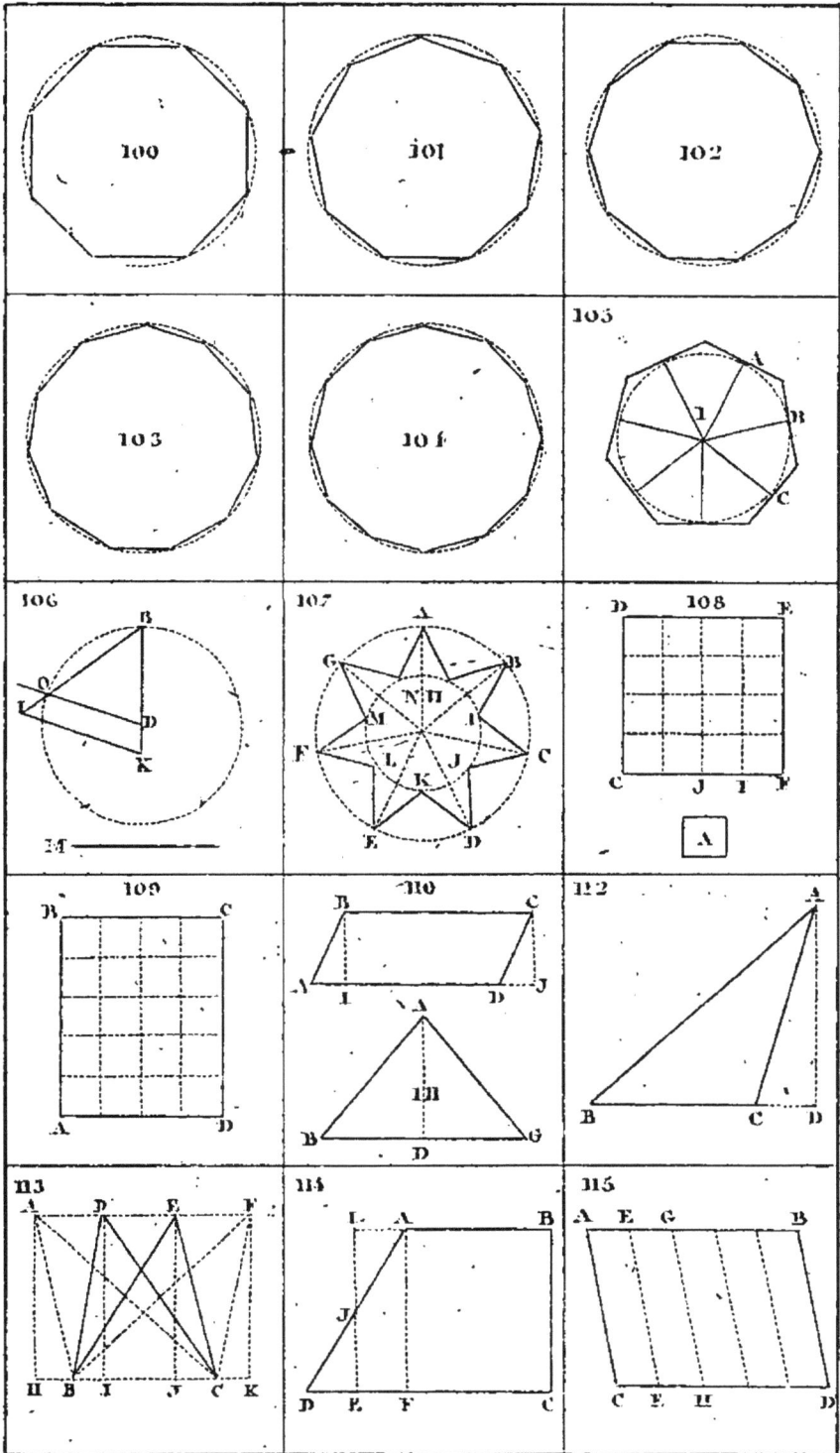

100

101

102

103

104

105

106

107

108

A

109

110

111

112

113

114

115

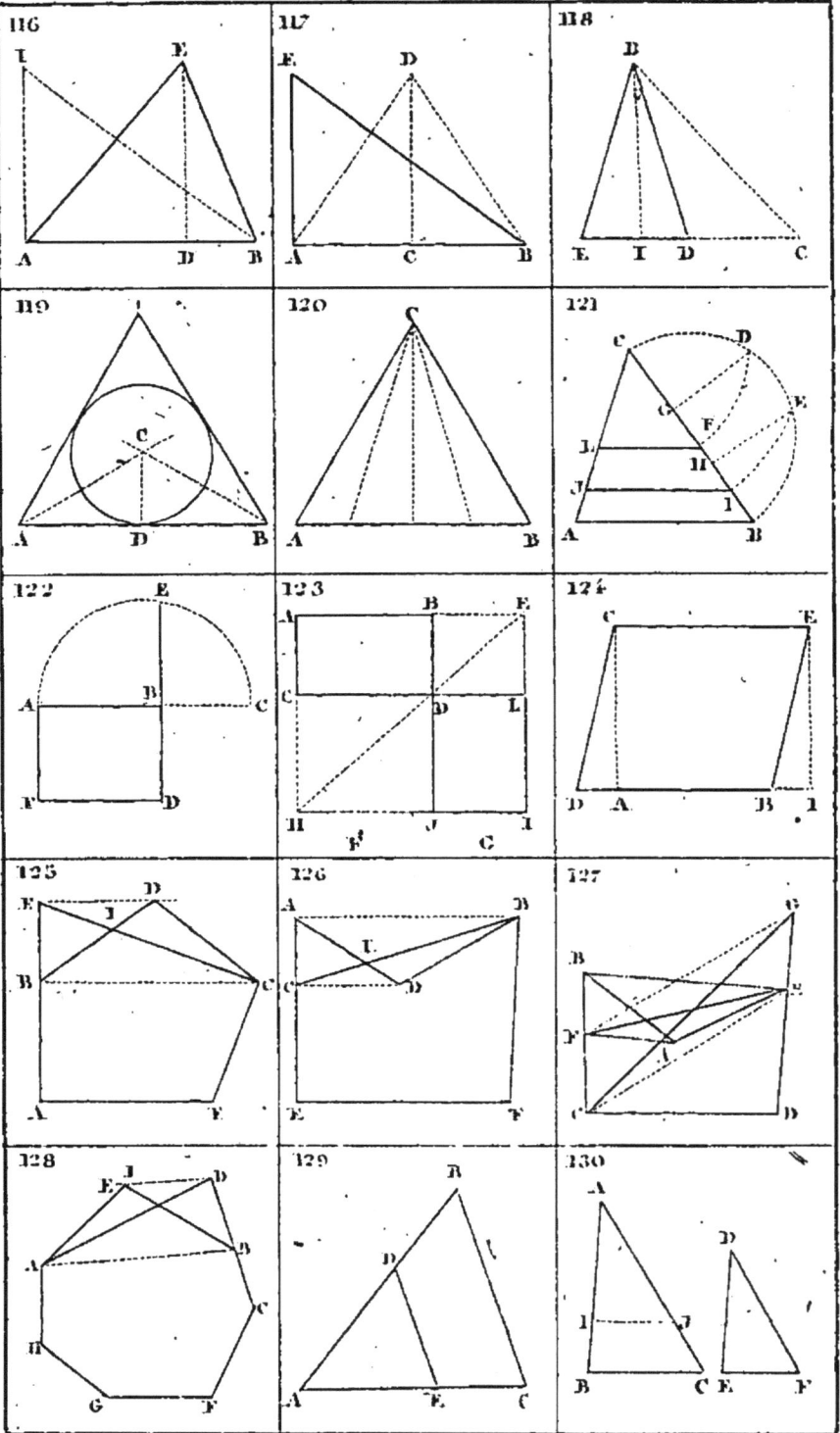

116

117

118

119

120

121

122

123

124

125

126

127

128

129

130

151
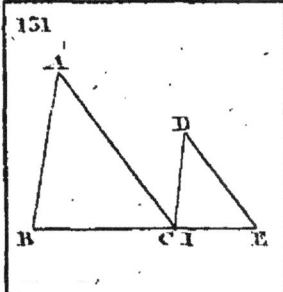

152
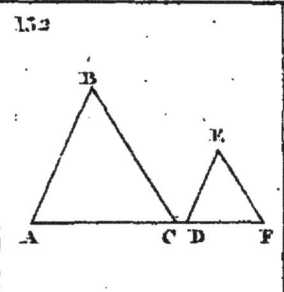

153
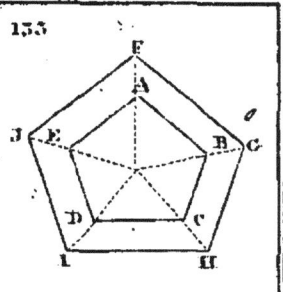

154
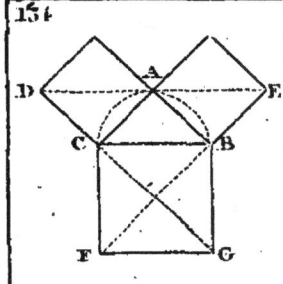

155
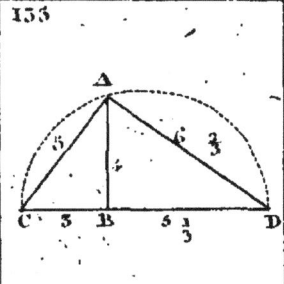

156
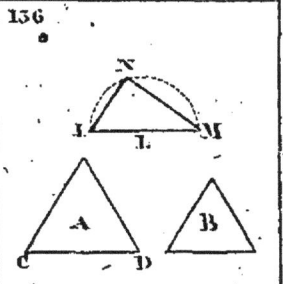

157
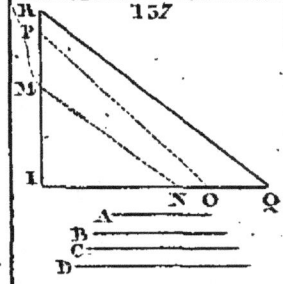

158
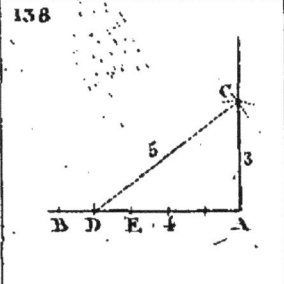

159
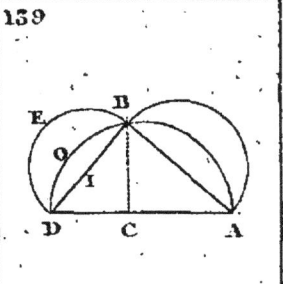

140
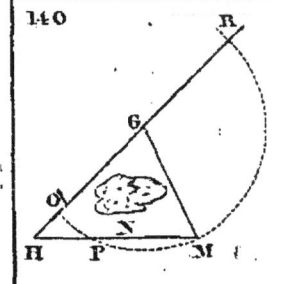

141
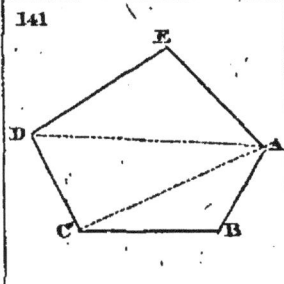

142
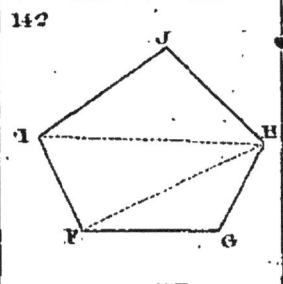

143
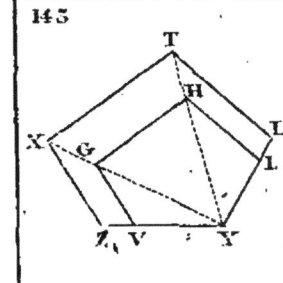

144
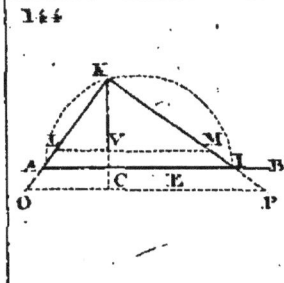

145
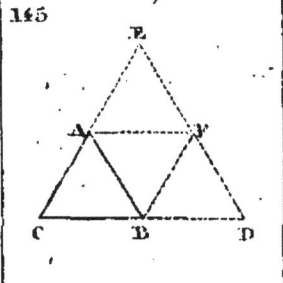

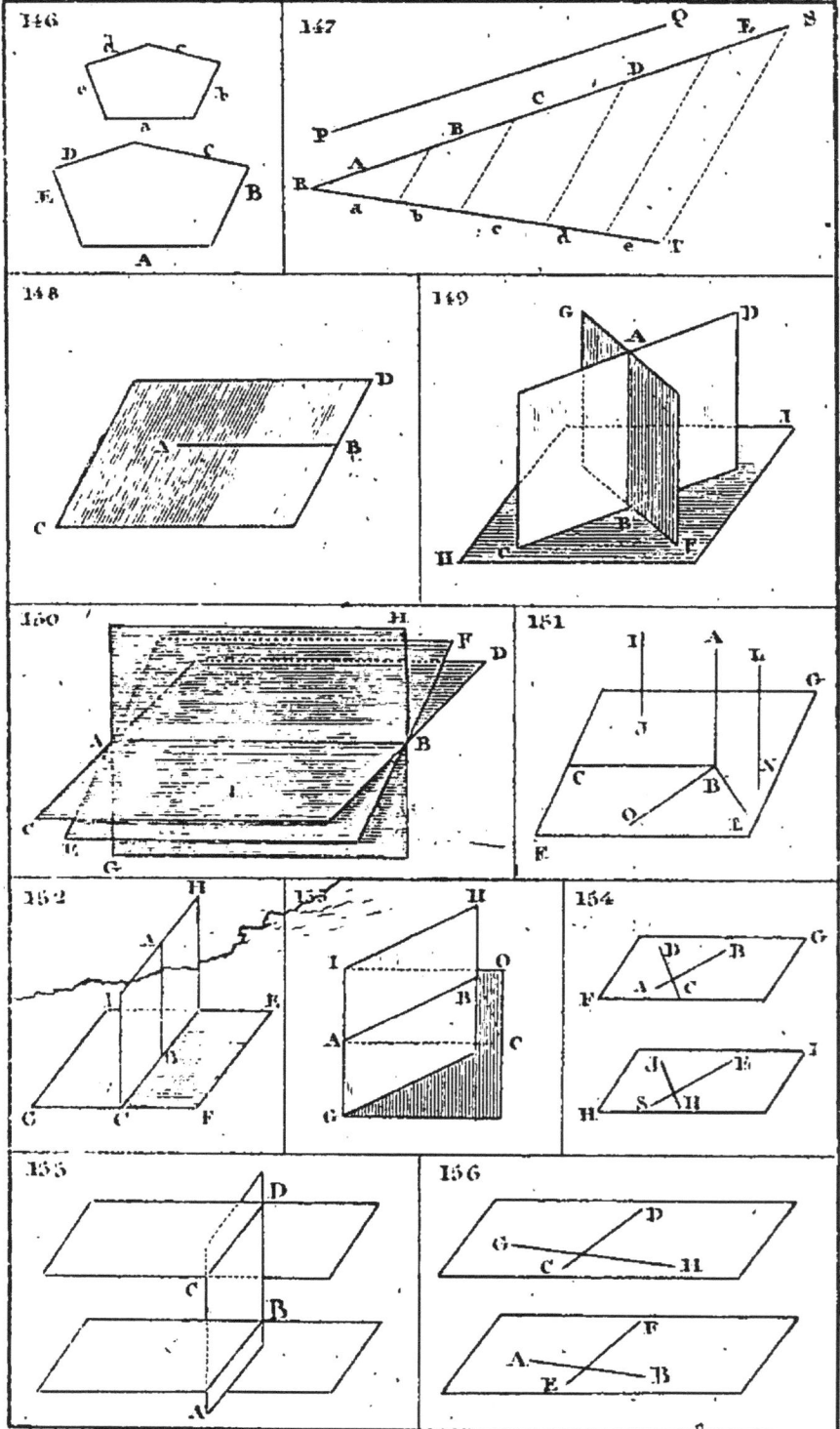

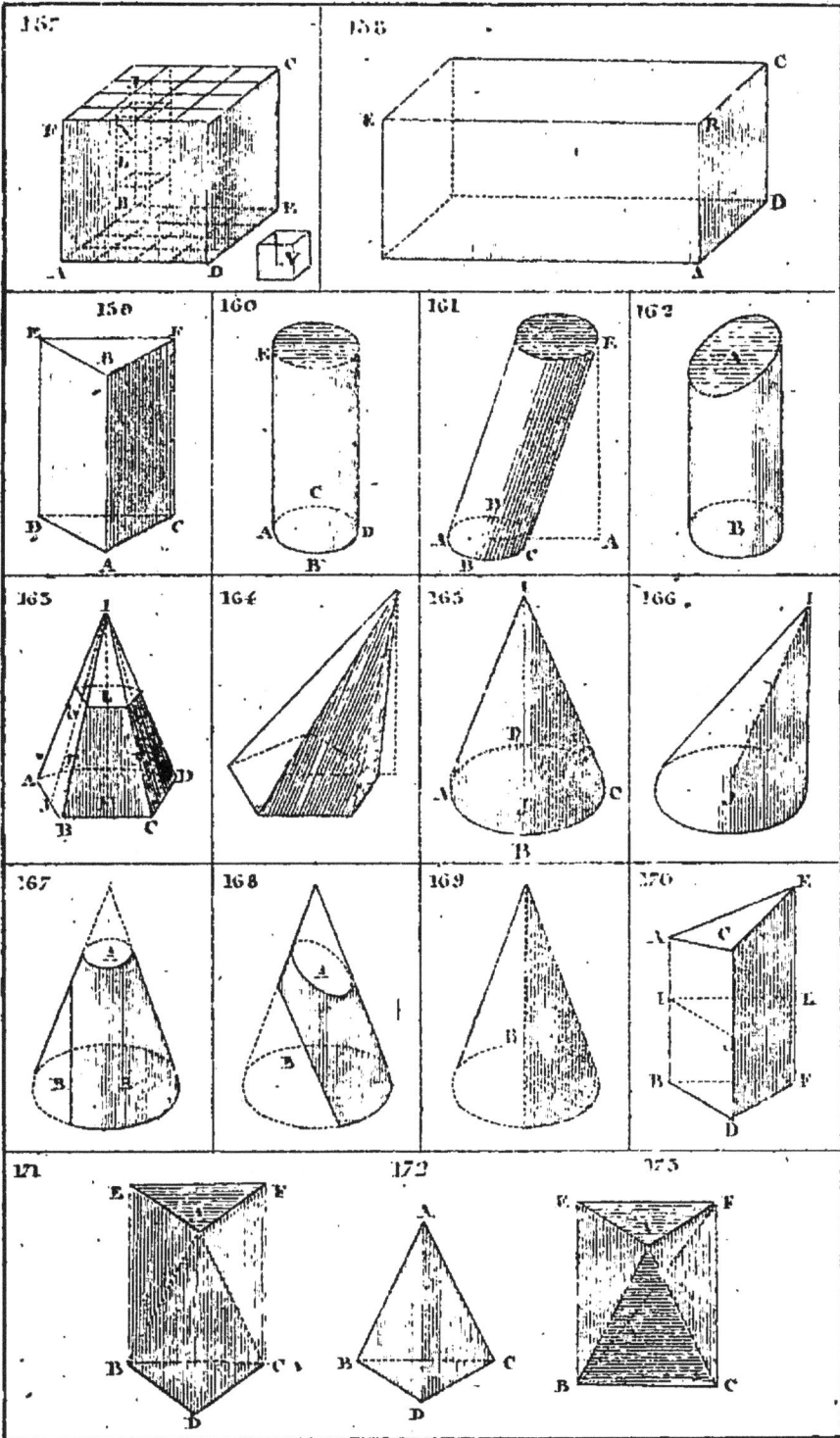

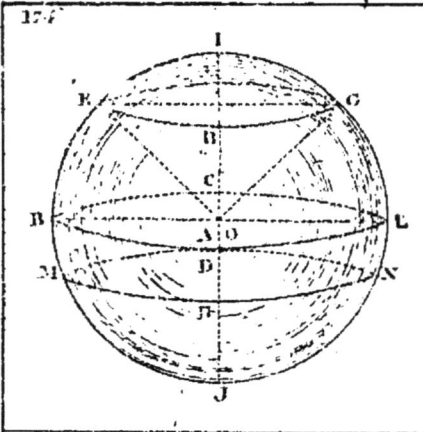

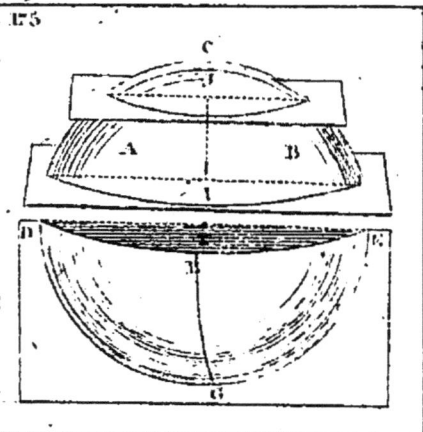

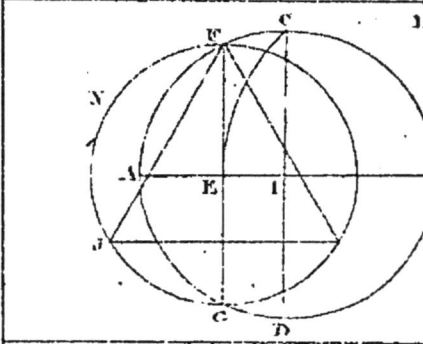

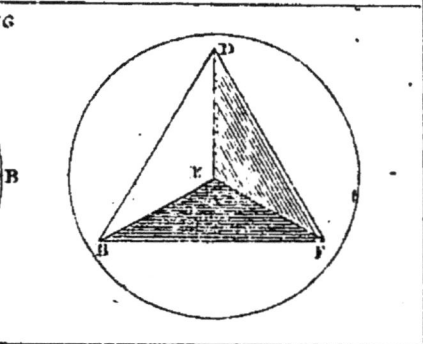

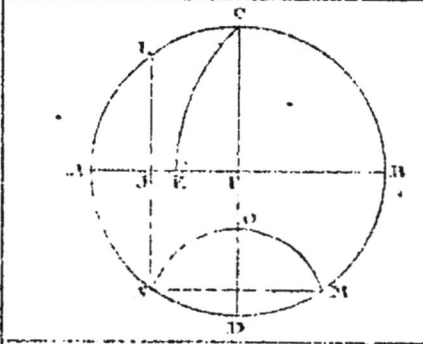

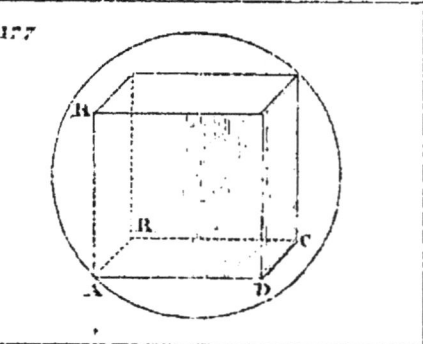

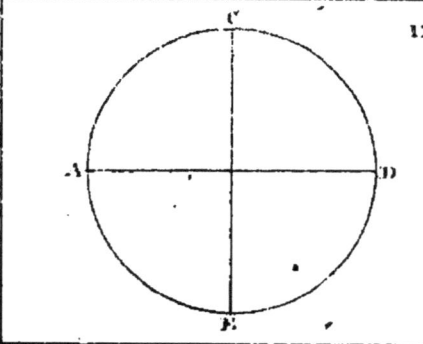

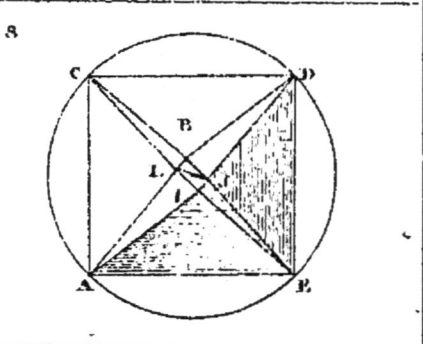

179

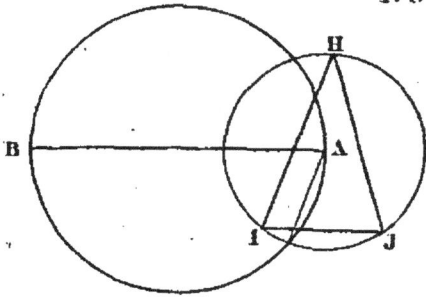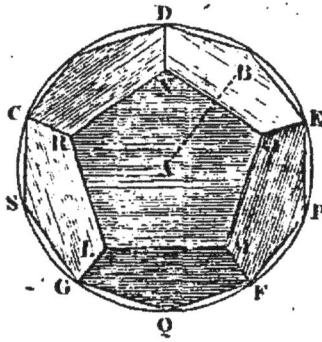

180

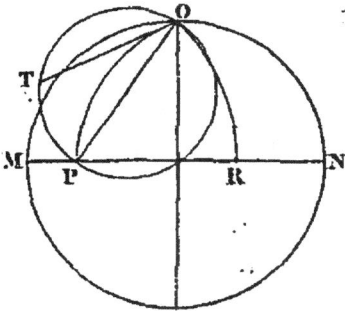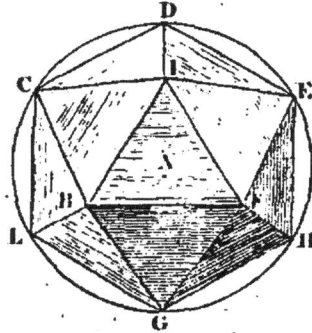

181

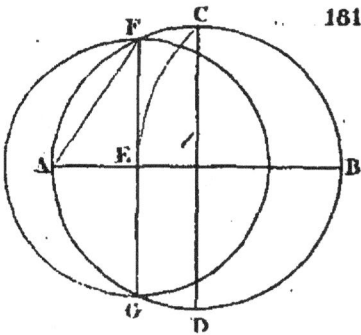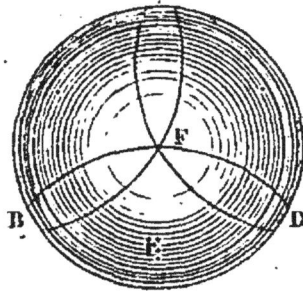

182

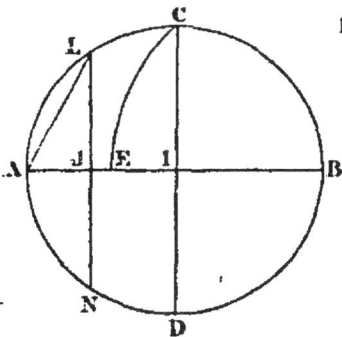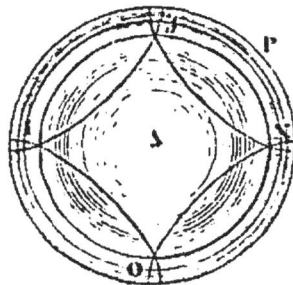

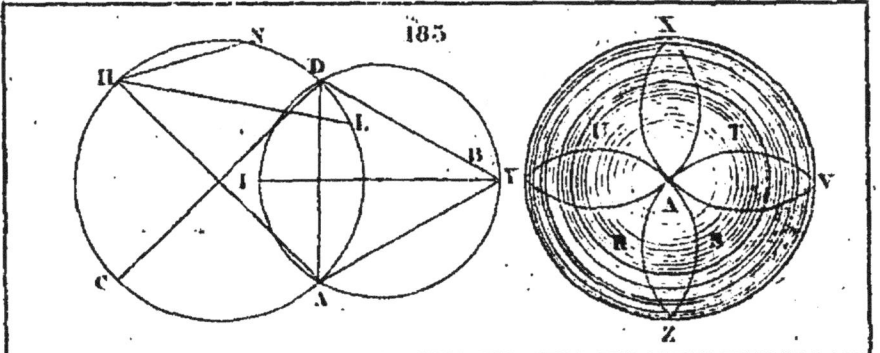

185

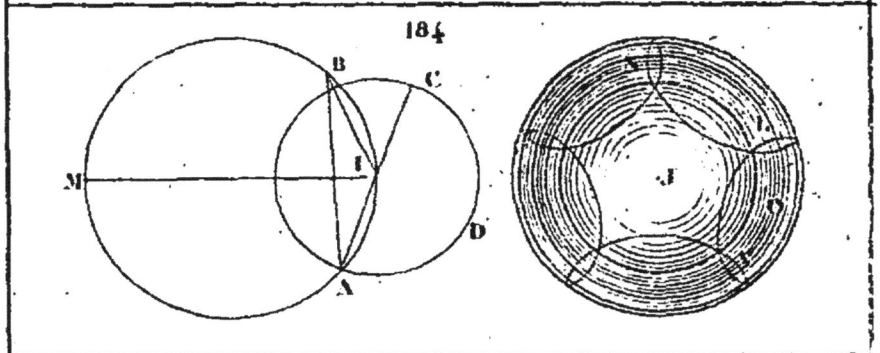

184

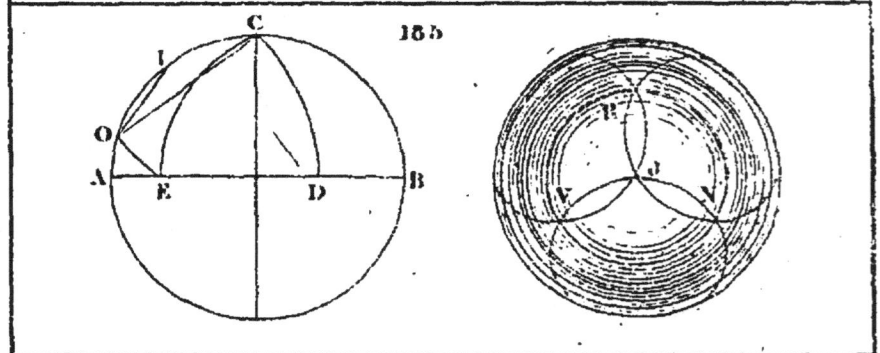

185

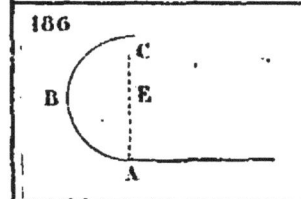

186

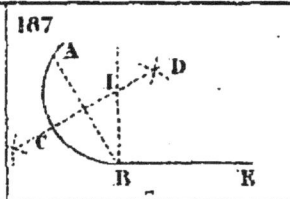

187

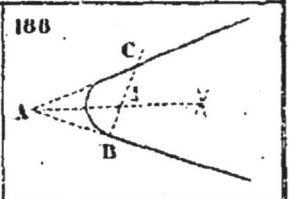

188

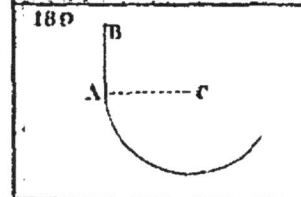

189

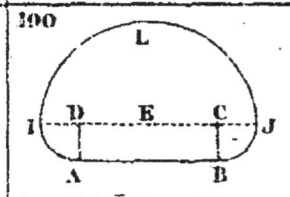

190

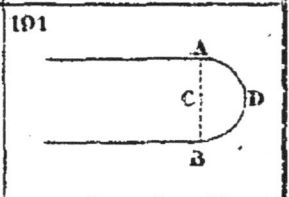

191

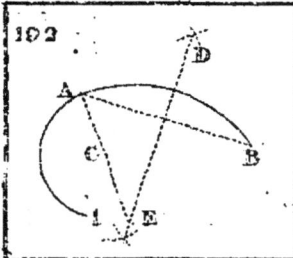

192

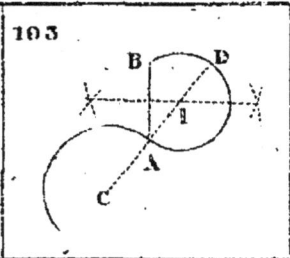

193

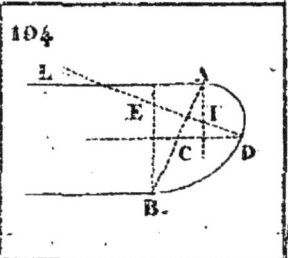

194

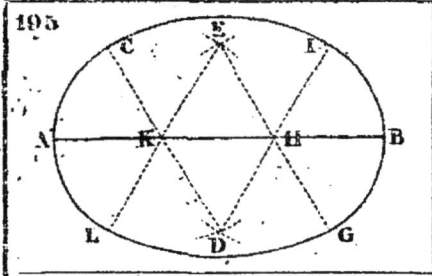

195

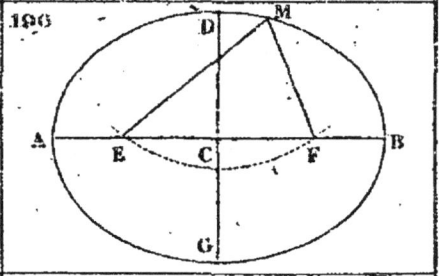

196

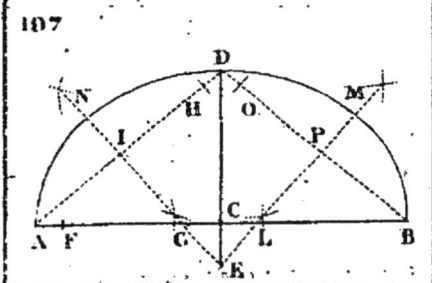

197

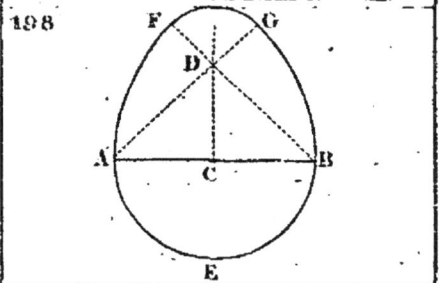

198

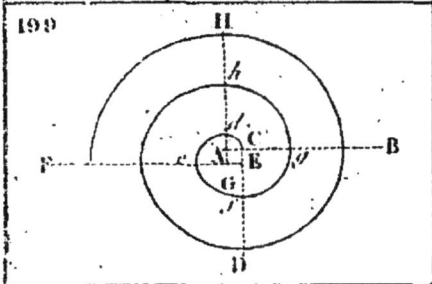

199

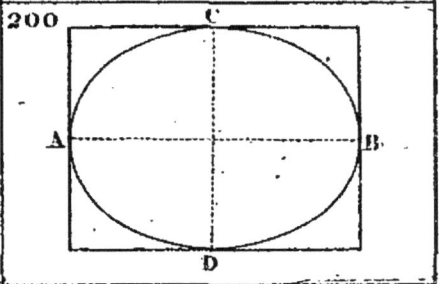

200

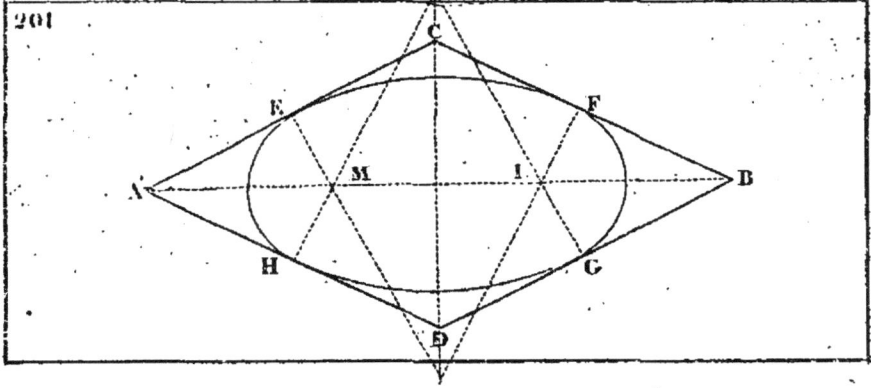

201

202

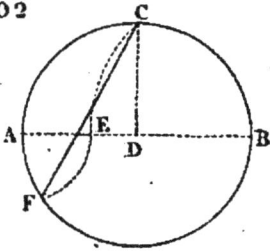

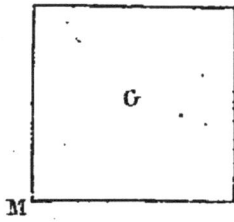

203

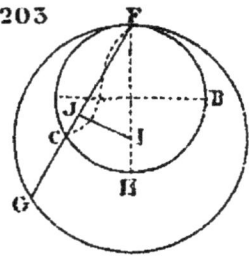

204

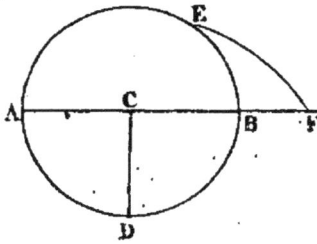

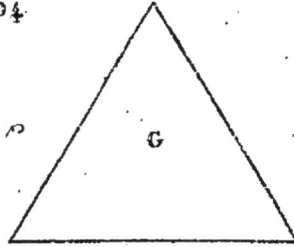

205

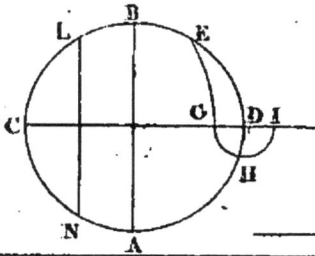

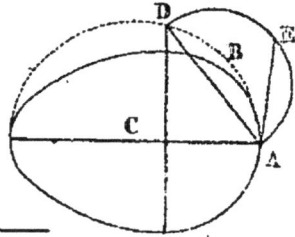

206

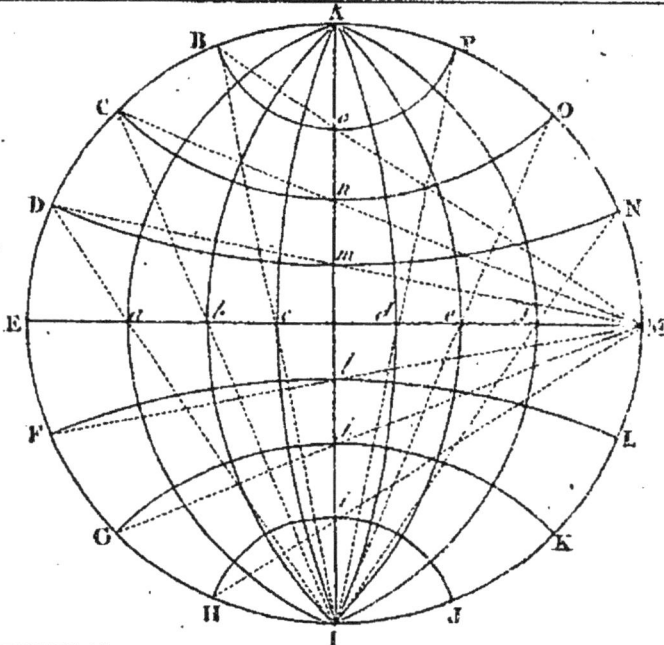

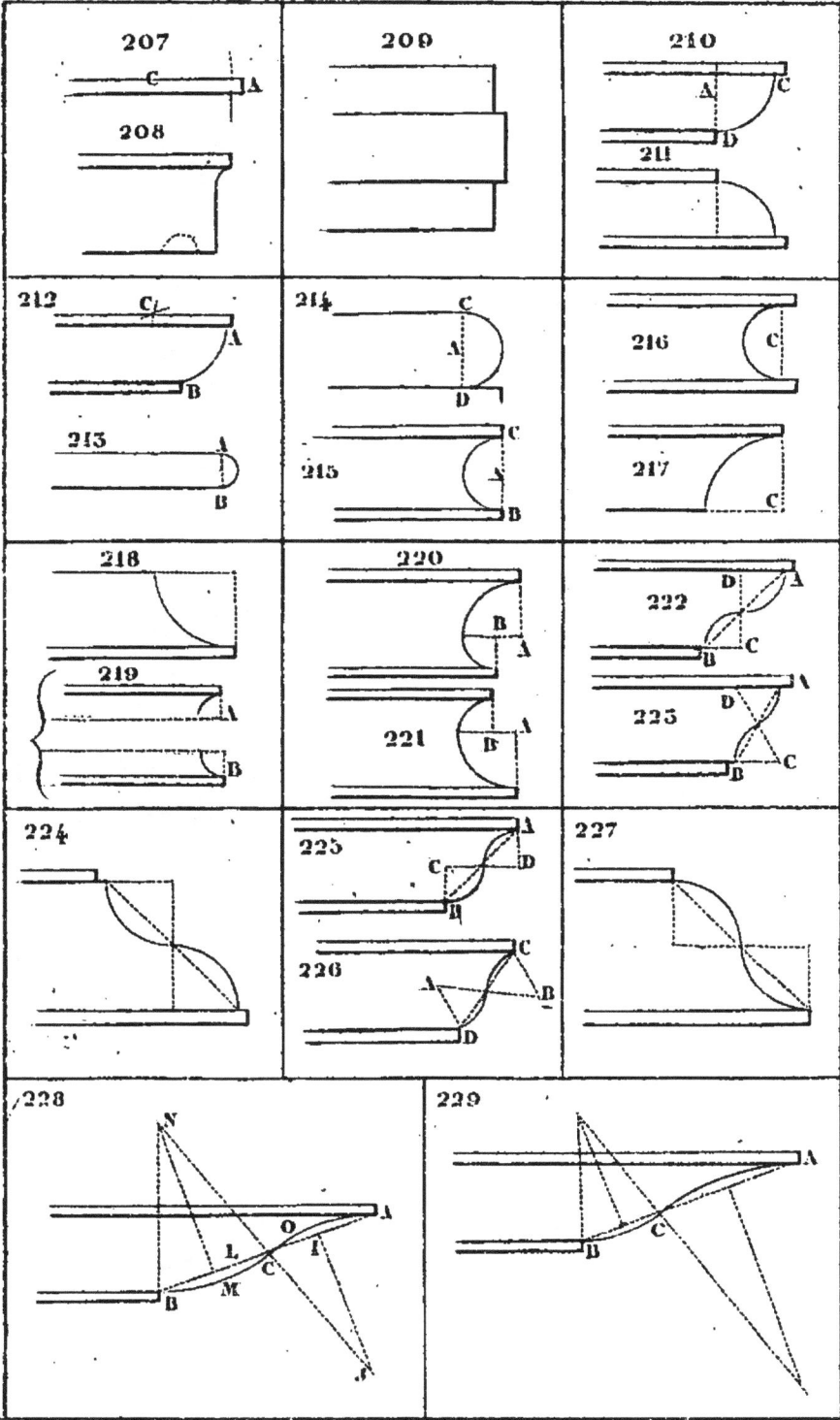

230

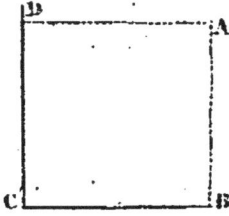

251

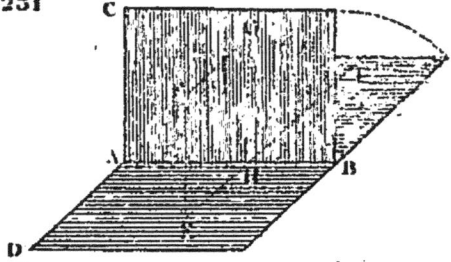

252

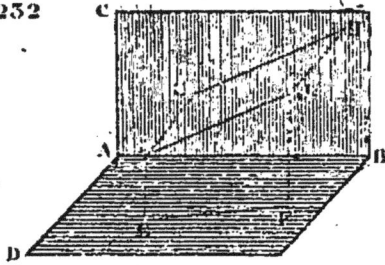

253

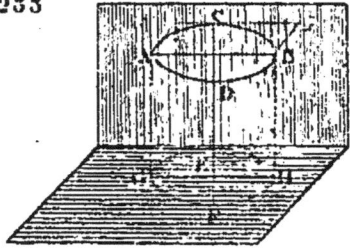

254

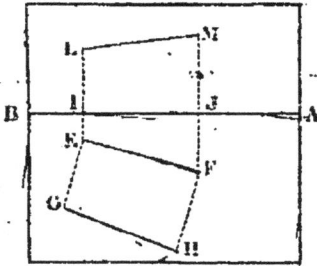

235

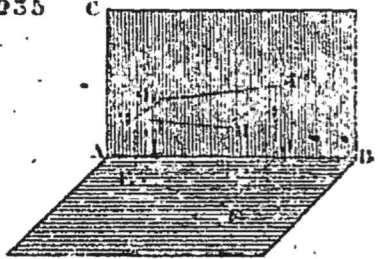

256

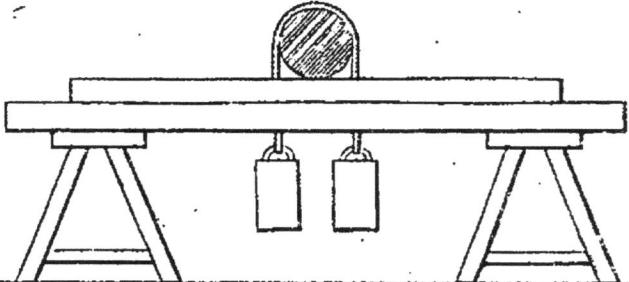

257

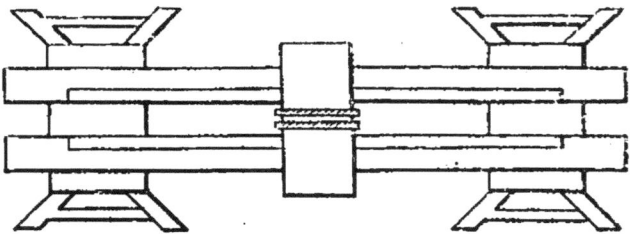

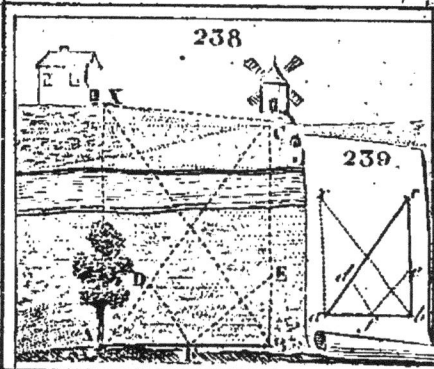

238

239

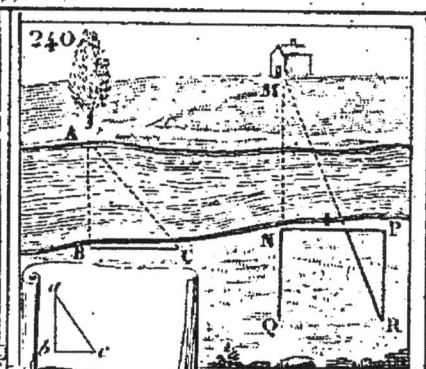

240

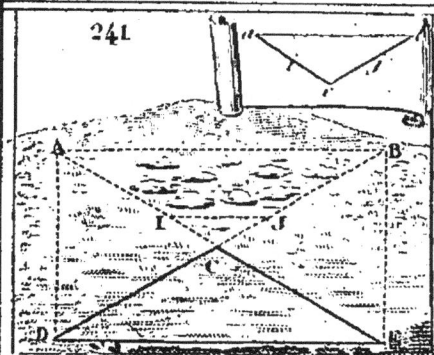

241

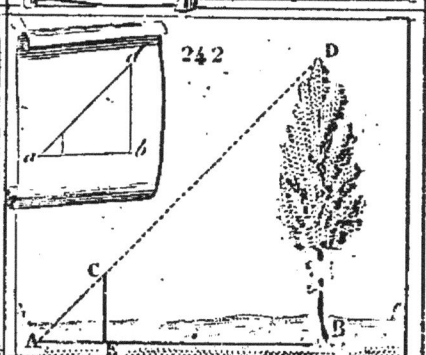

242

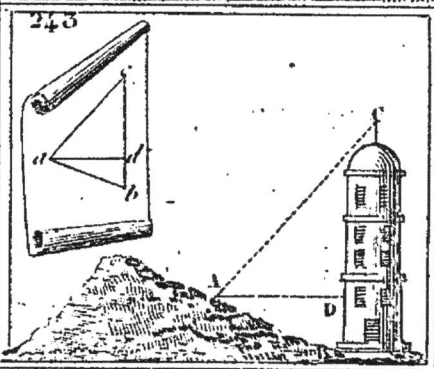

243

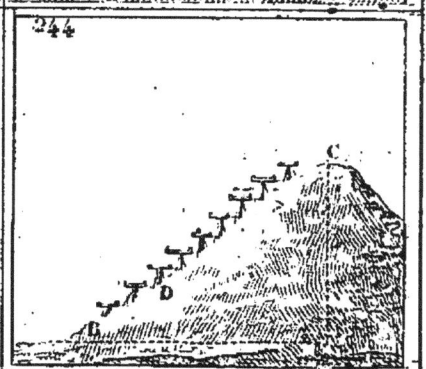

244

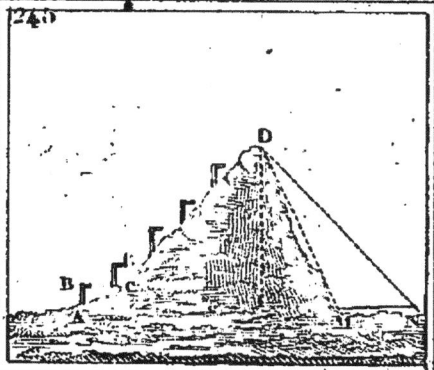

245

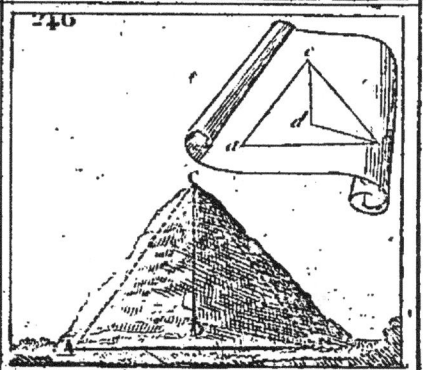

246

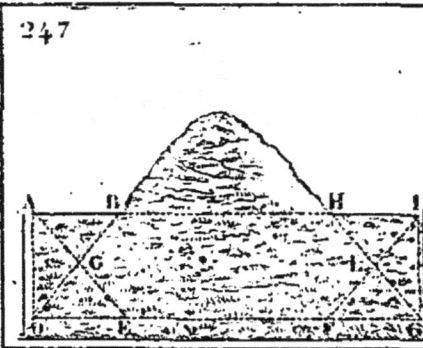

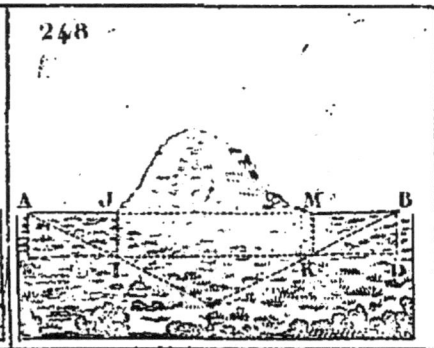

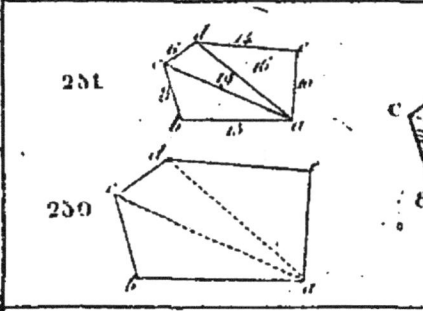

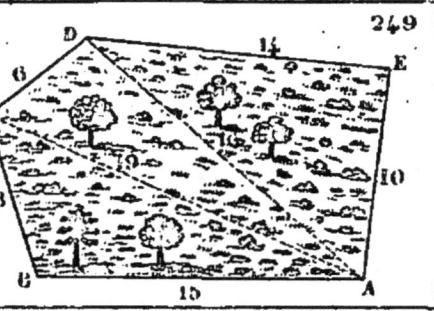

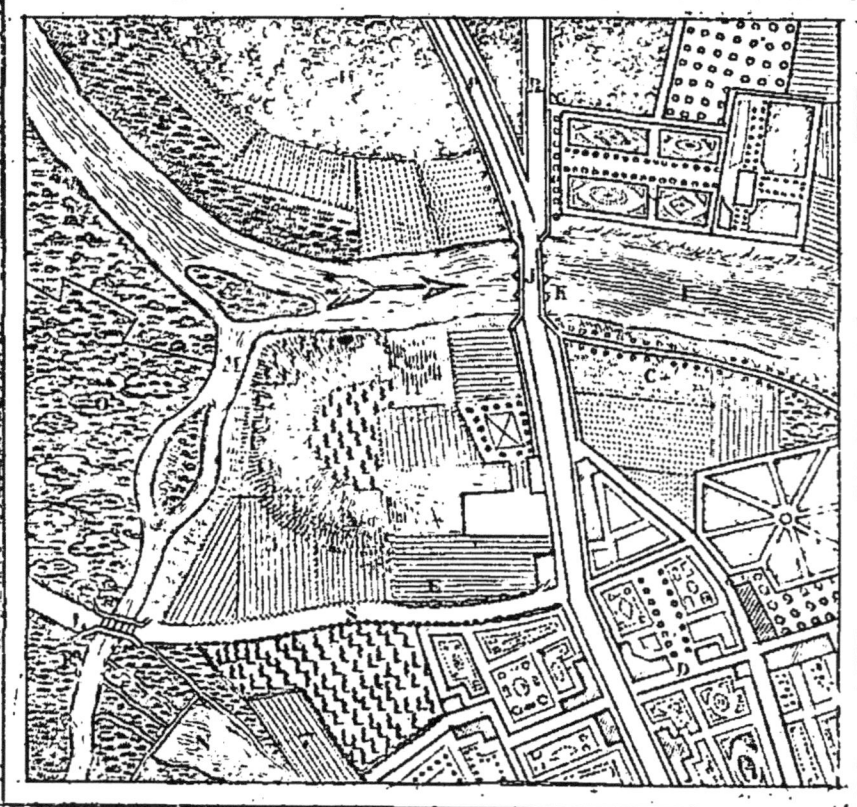

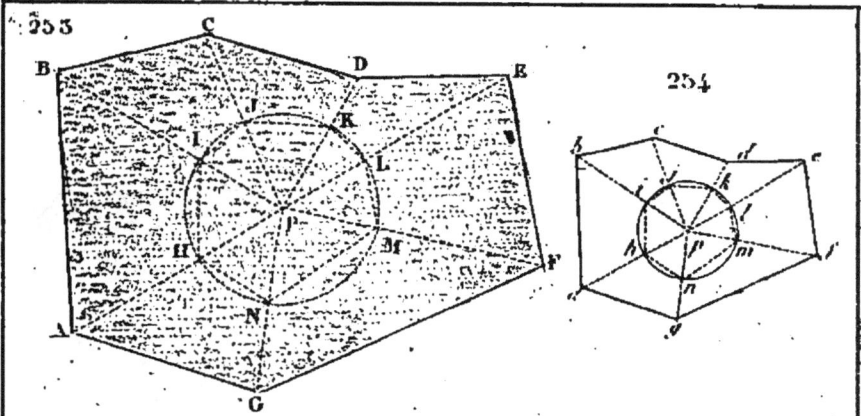

253

254

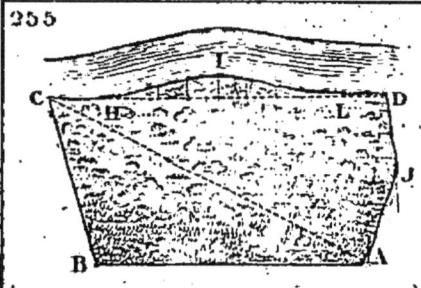

255

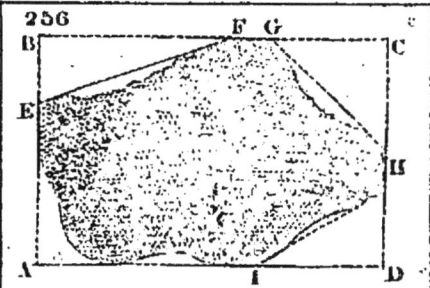

256

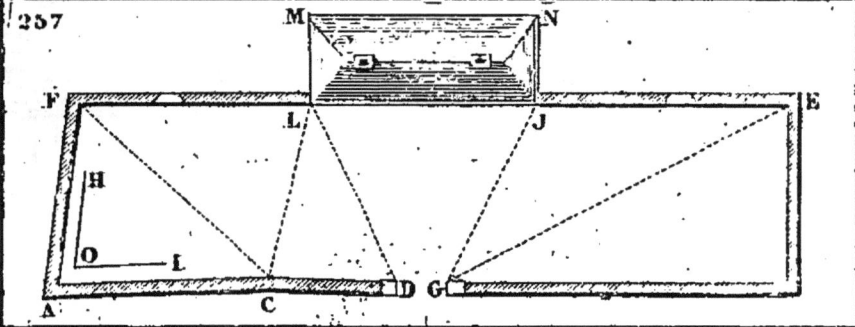

257

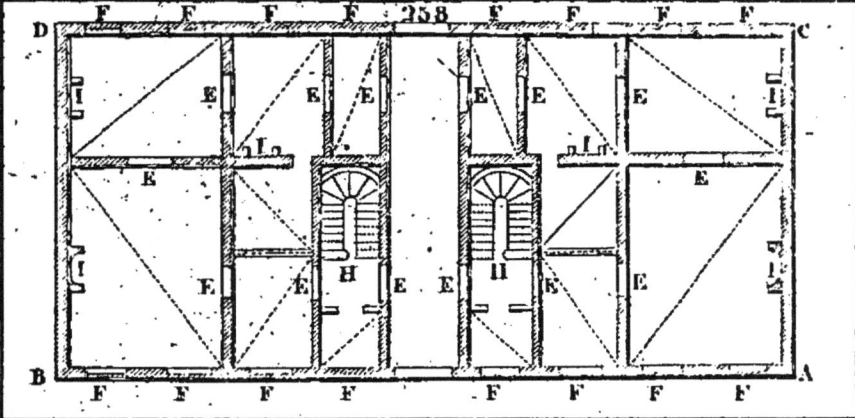

258

259

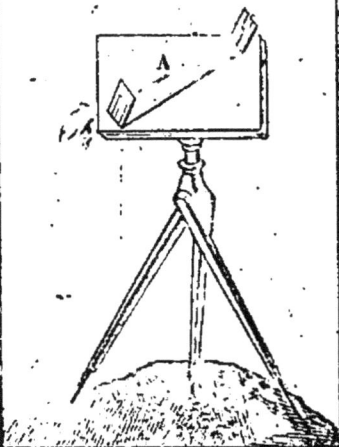

260

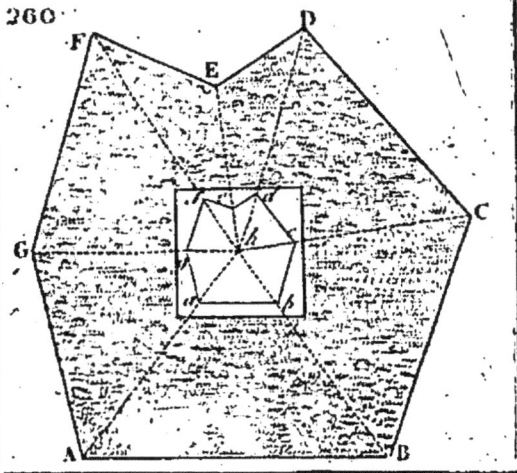

261

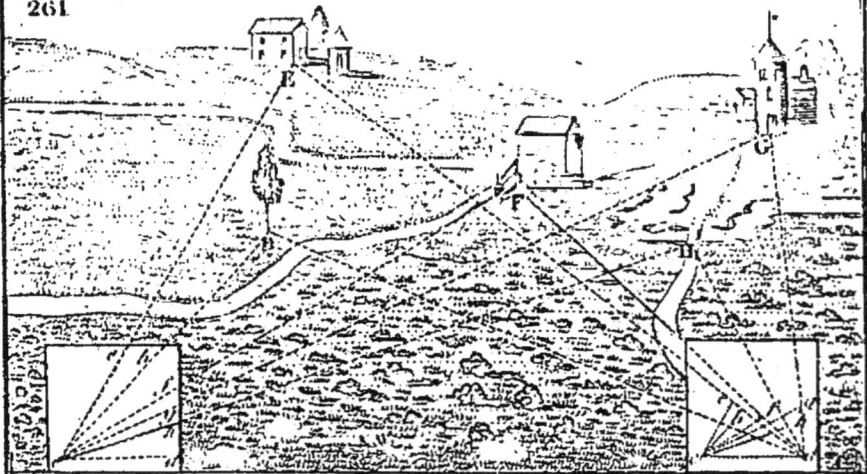

262

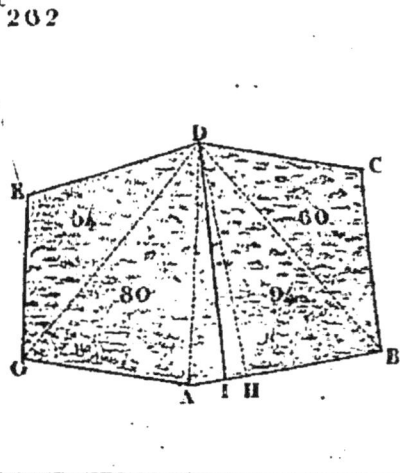

263

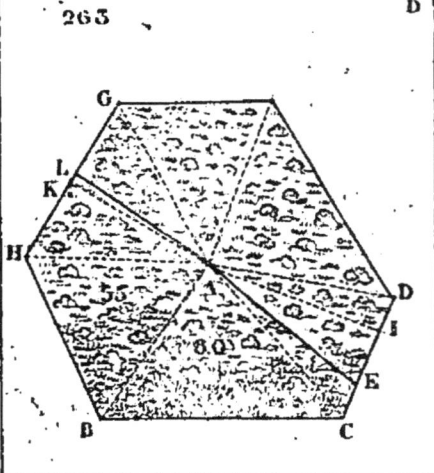

264

265

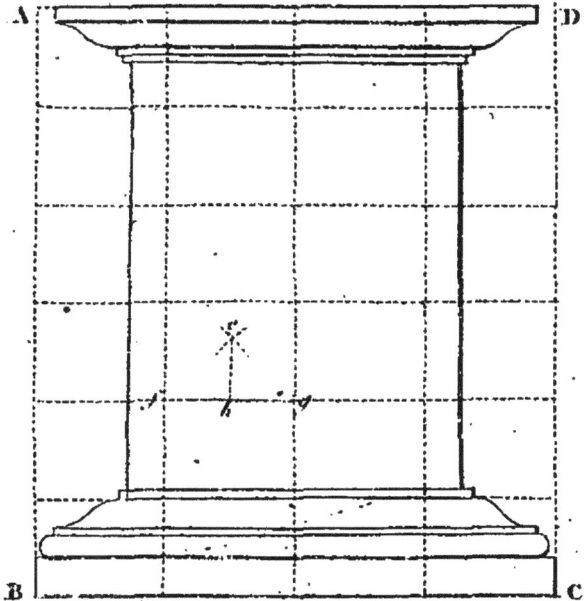

266

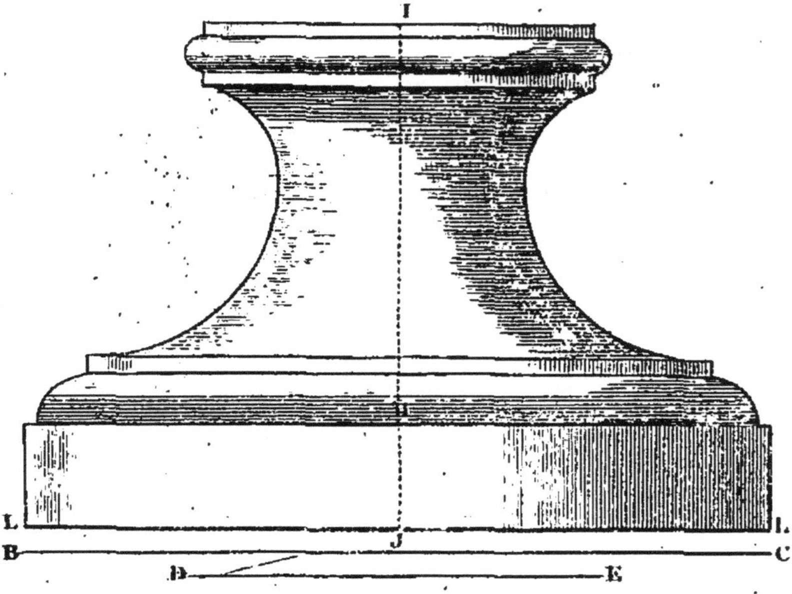

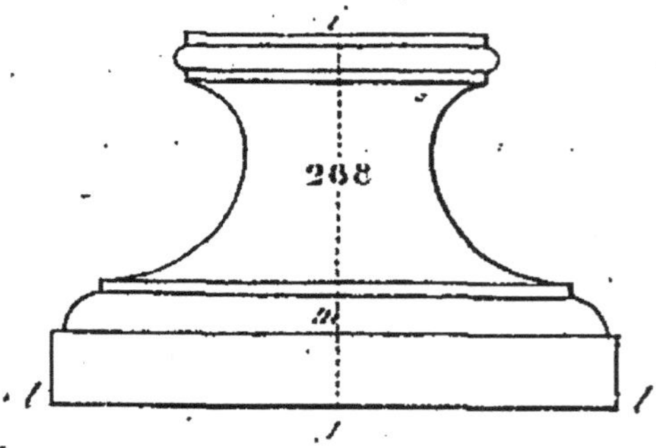

I

L   L

B —————————————————— J —————————————— C

D ———————————————————————————— E

268

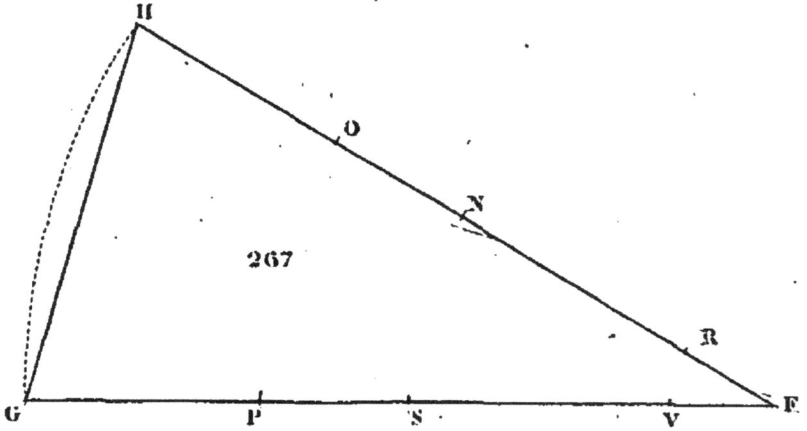

H

O

N

267

R

G   P   S   V   F

Ordre Toscan.　　　Ordre Dorique.　　　Ordre Ionique.

IV.

V.

VI.

C

A

D C   H F

P   O

R   S

T   U

Y   X

Y   Z

L

I   J

C   E

B

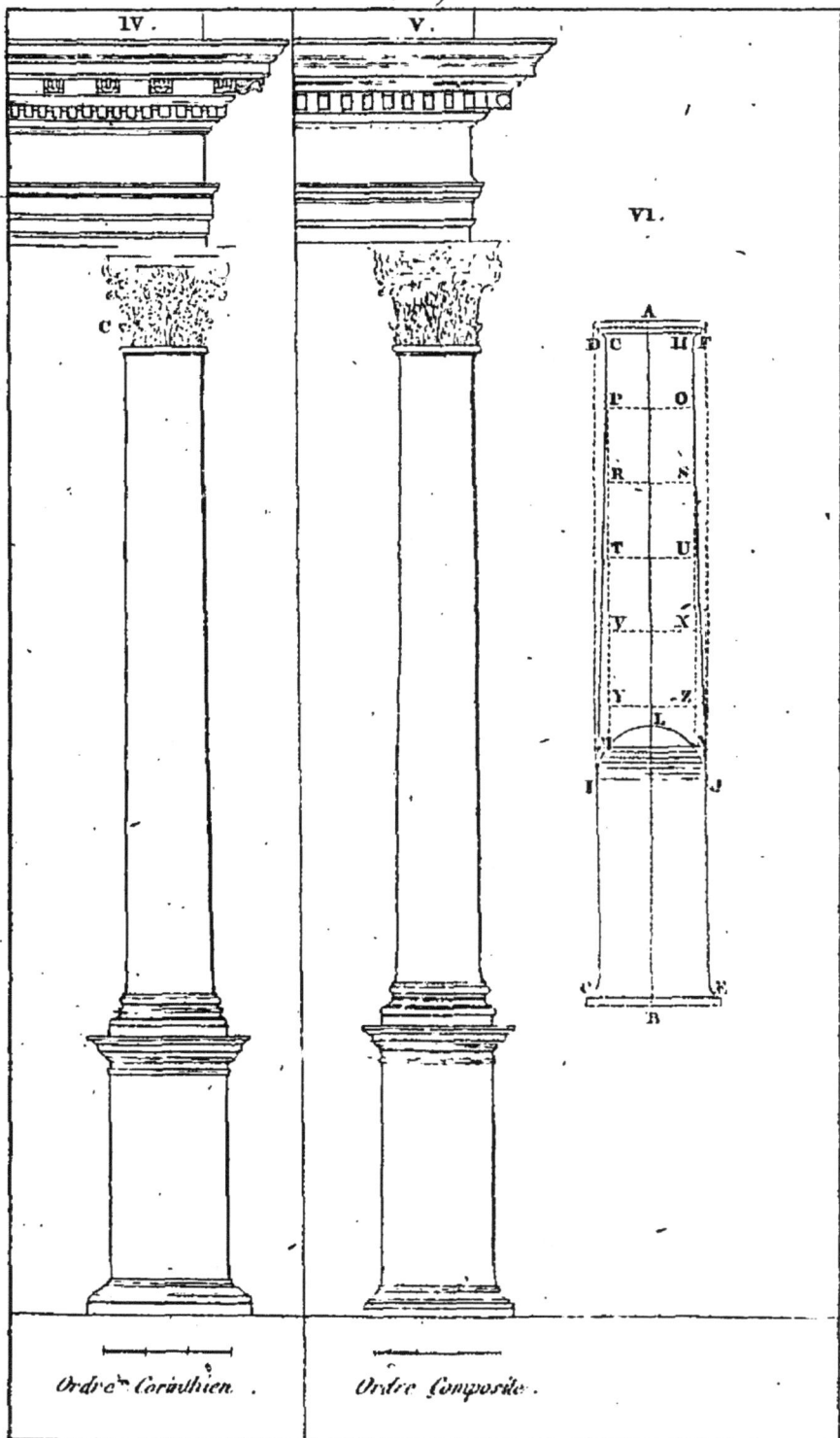

Ordre Corinthien.

Ordre Composite.

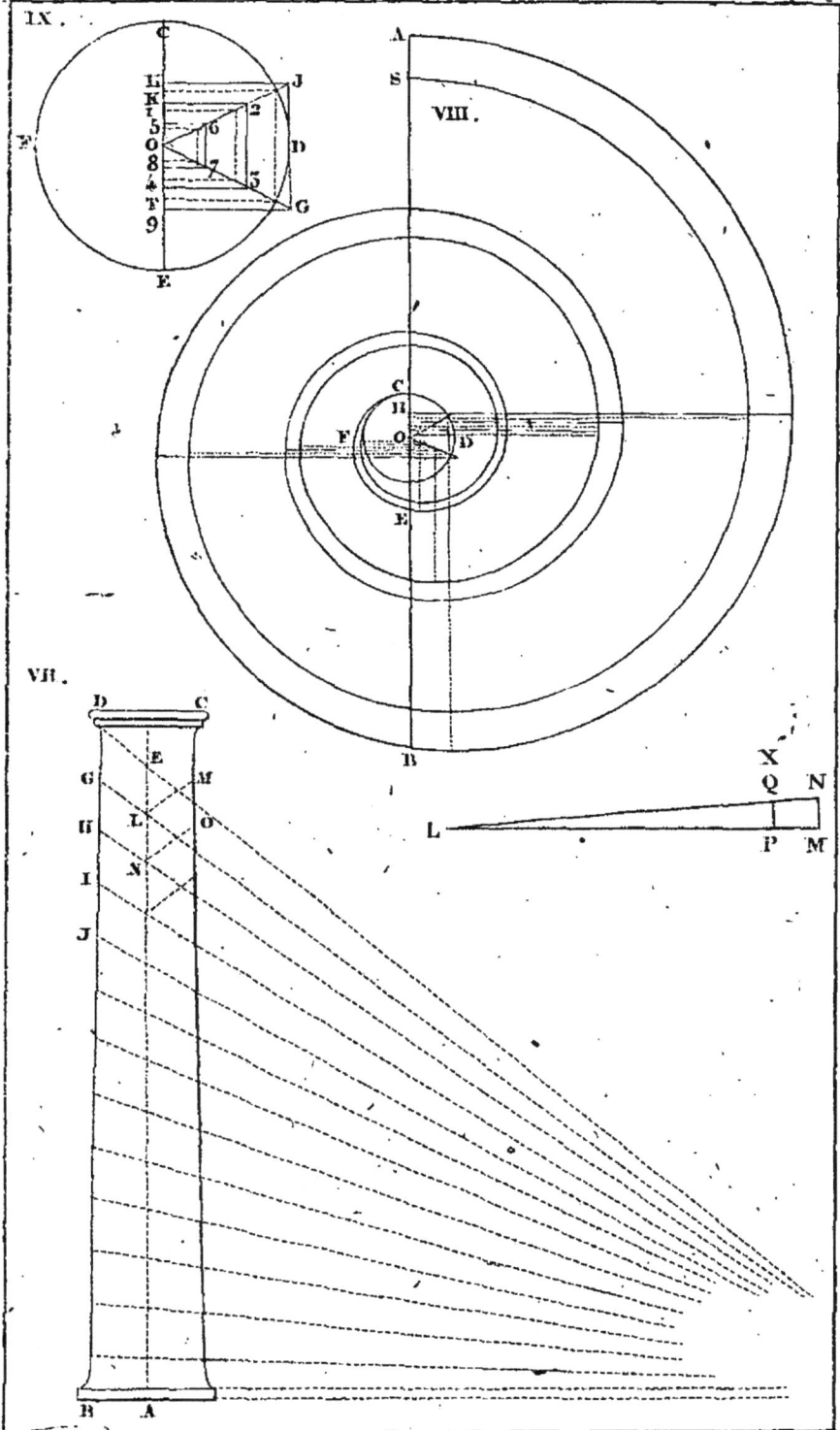

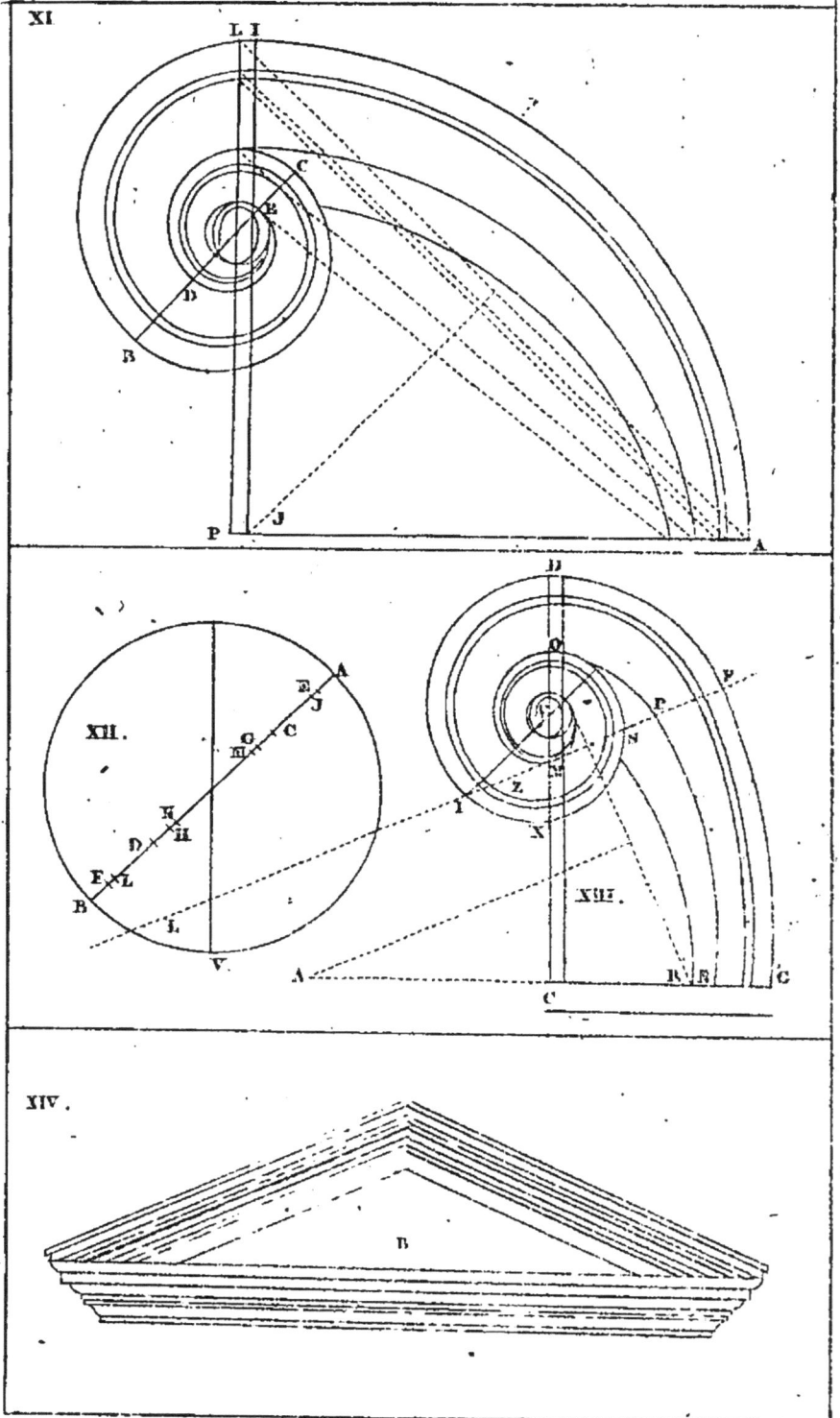

XI

L I

C

B

D

B

P J A

XII.

A
E J
G C
H
D H
E L
B
L
V

D

O

P Y

N

I Z

M

X

XIII.

A R E G
C

XIV.

B

XV.

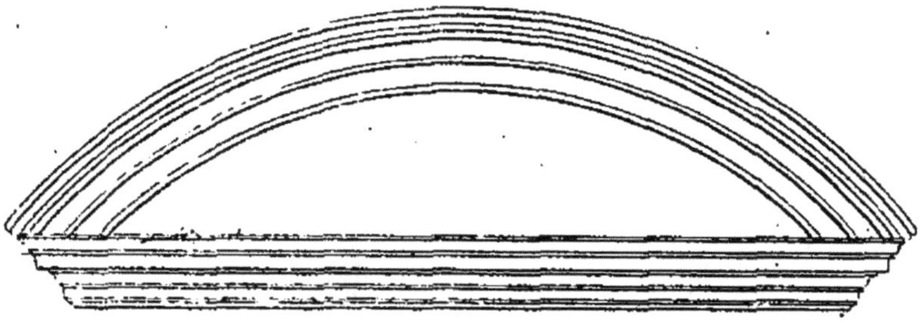

XVI.

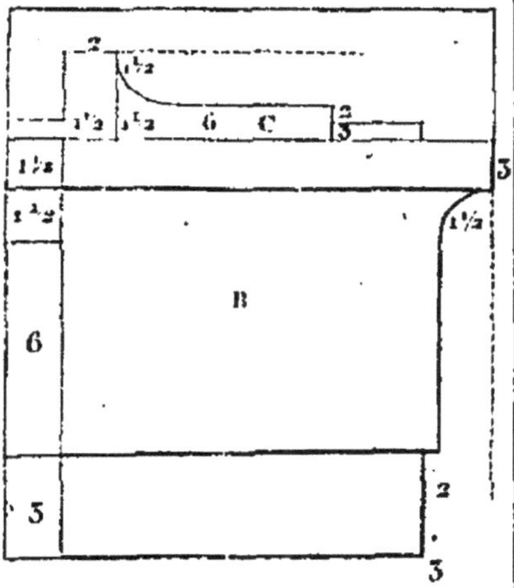

2
1½
1½ 1½ 6 C 2/3
1½
1½ 1½
3
6 1½
B
2
5 3

XVIII.

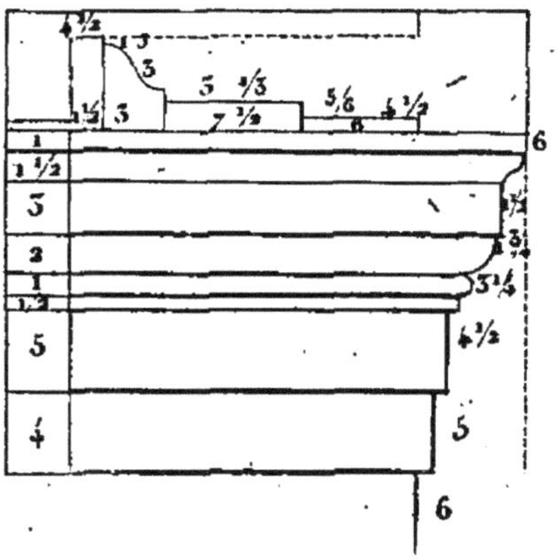

½
1½
1½ 3
3 5 1/3
1½ 3 7½ 8 5/6 1½
1 6
1½
5 1½
2 3½
1 3½
1½ 3½
5 4½
4 5
6

XIX.

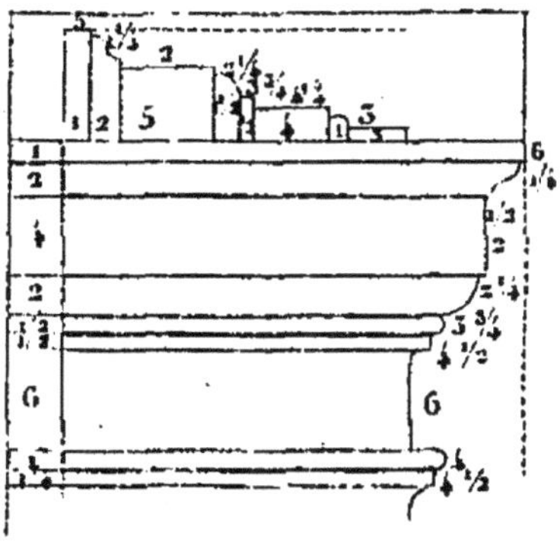

5 1½
2
1½
1 2 5 2 3½ 4½ 3
1 2
1 6
2 1½
4 2½
2 2¼
1½ 3 3½
3 4½
G 6
1 4½
1½

XVII.

1 8
1½
2 3/4
1 2½ 1 3 1¼ 5 5/8
1 5
4
4½
2½
4½
1 2 3/4
½ D
4 3¼
3 3 5/8
4

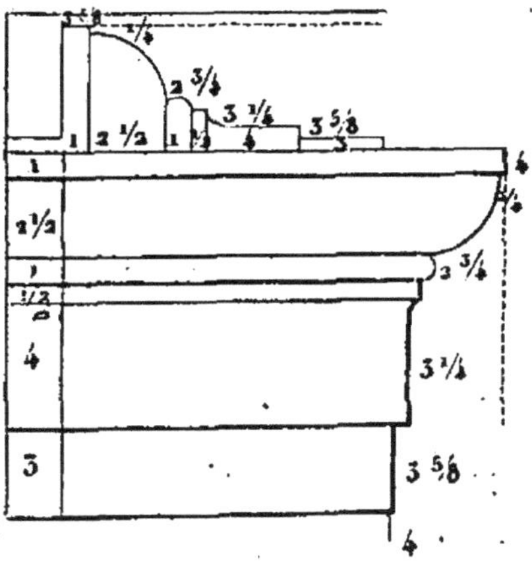

XX.

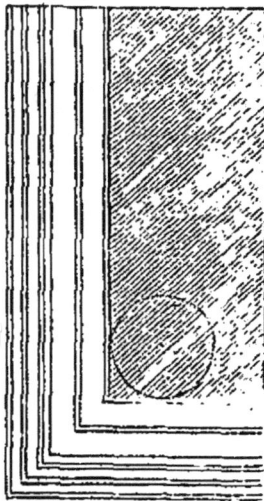

XXI.

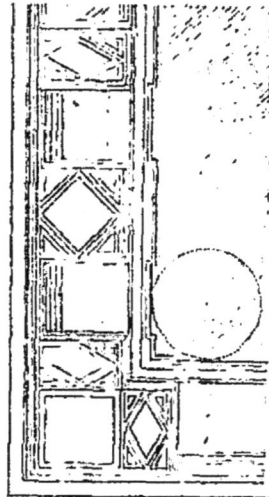

c

XXII.

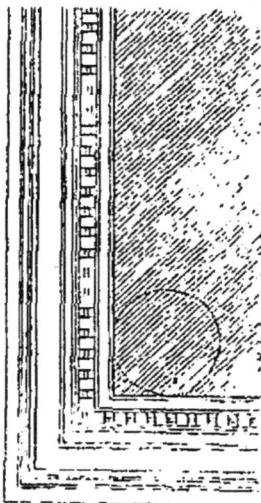

XXIII.

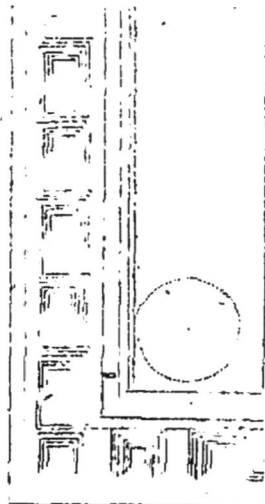

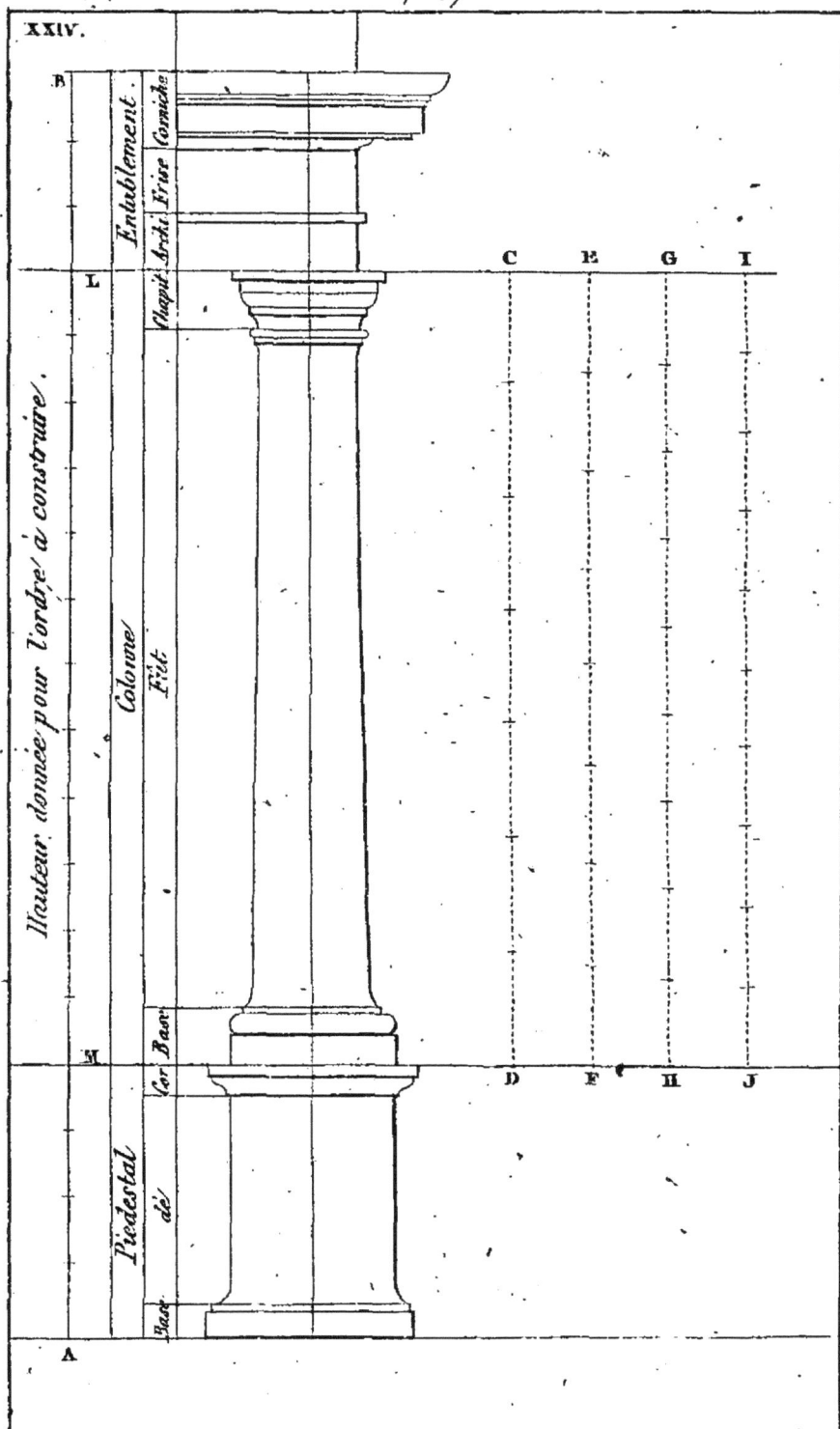

XXIV.

Hauteur donnée pour l'ordre à construire.

Entablement.

Corniche. | Frise | Arch. | Chapit

Colonne

Fût

Cor. Baor

dé

Baor

Piedestal

B

L

M

A

C   E   G   I

D   F   H   J

XXV.

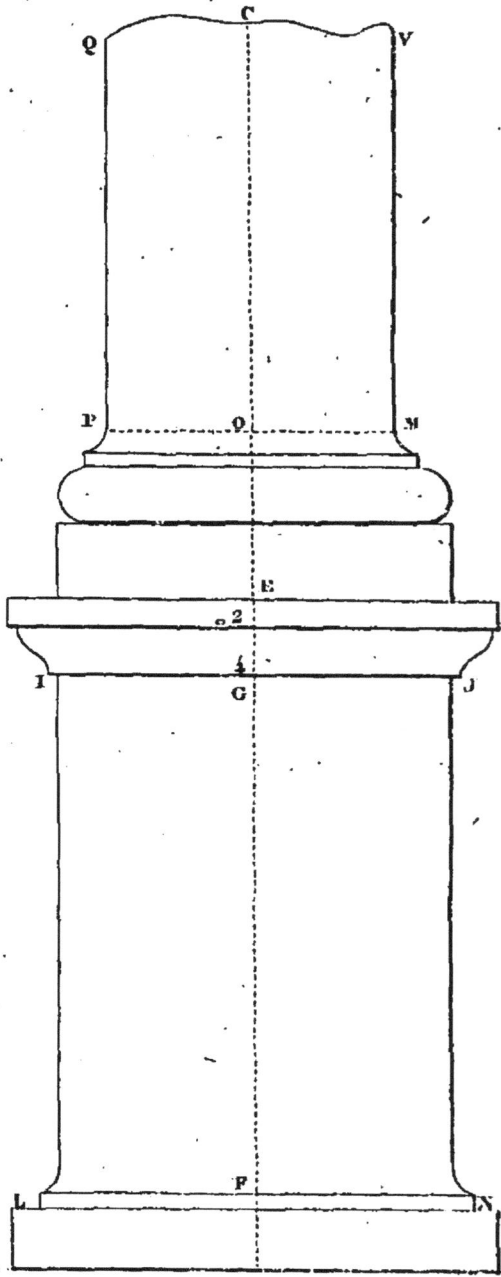

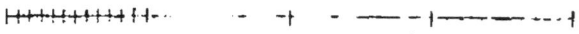

XXVI.

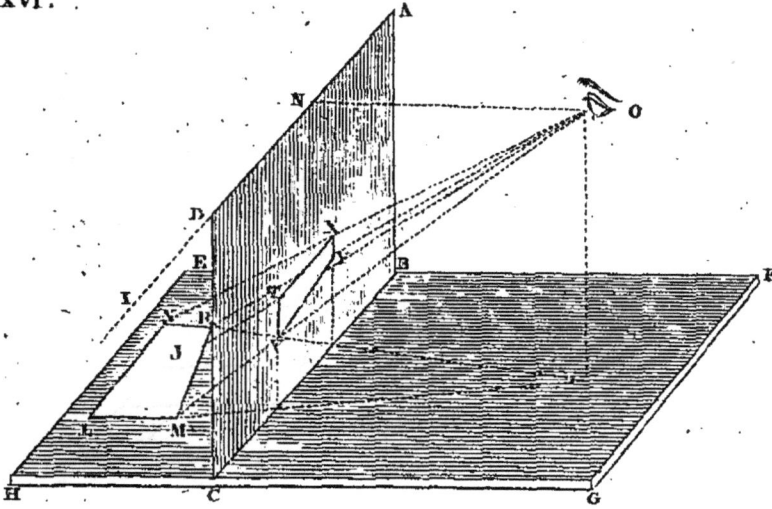

XXVII.

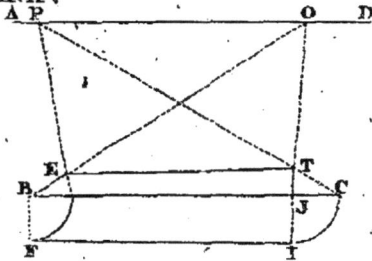

XXVIII.

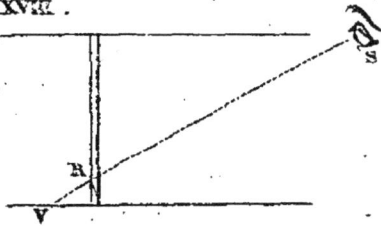

XXIX.

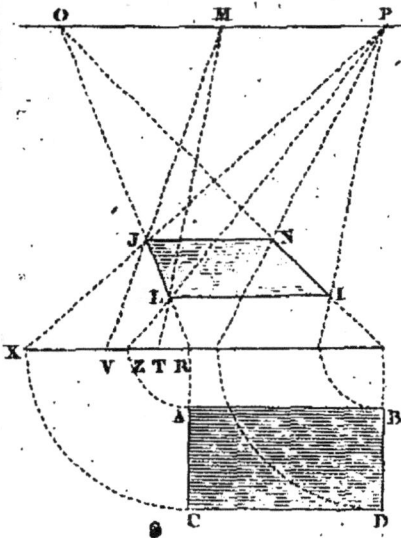

XXX.

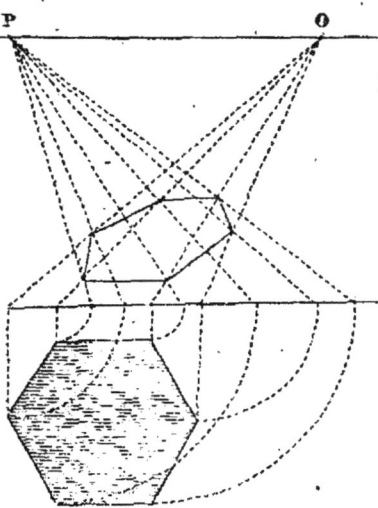

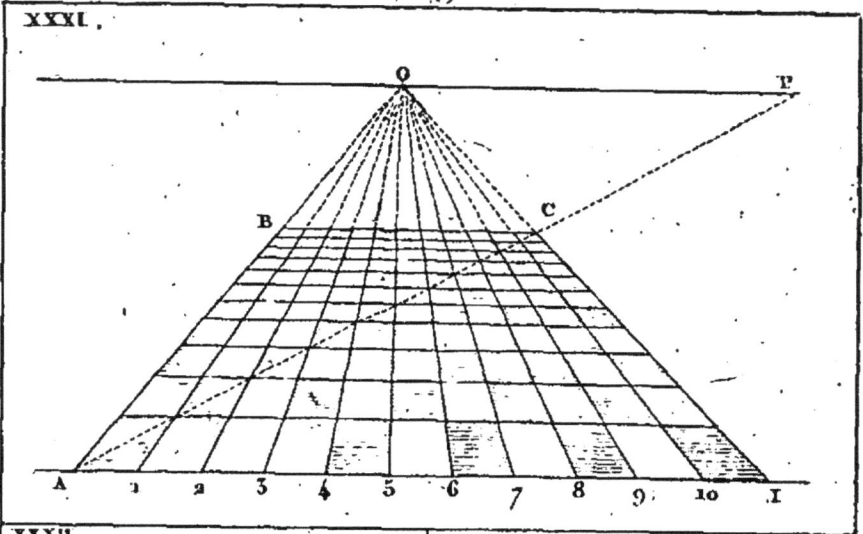

XXXI.

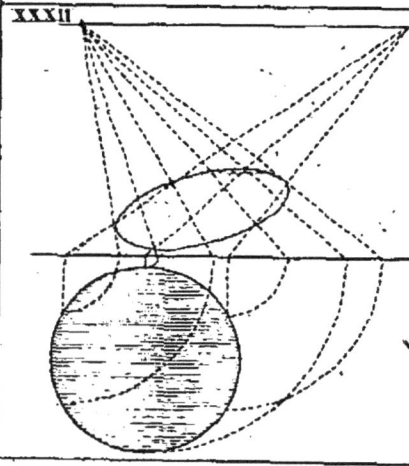

XXXII

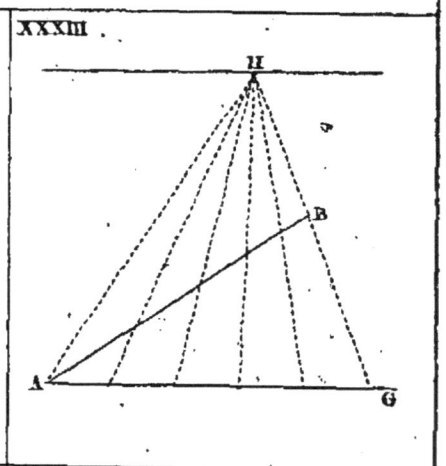

XXXIII.

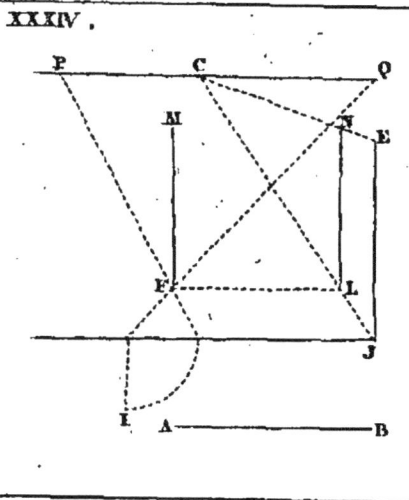

XXXIV.

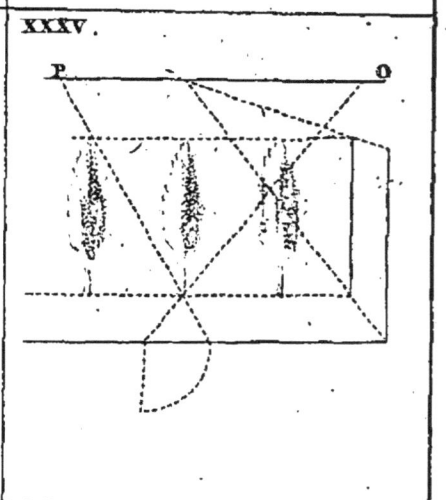

XXXV.

XXXVI.

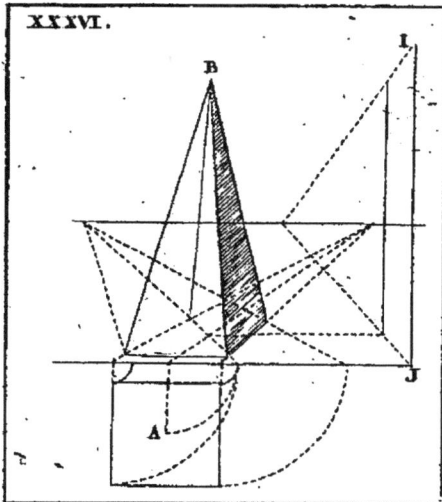

XXXVII.

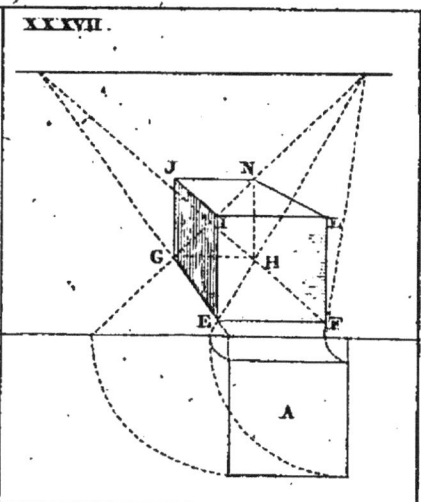

XXXVIII.

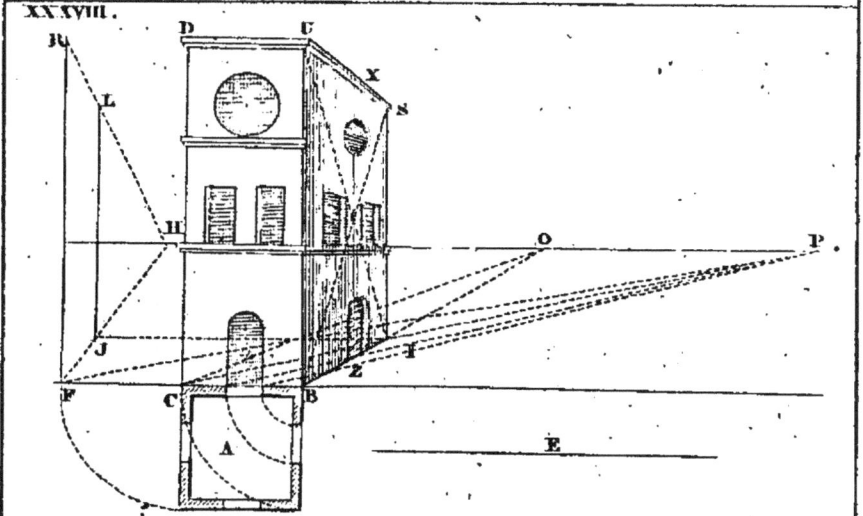

XXXIX.

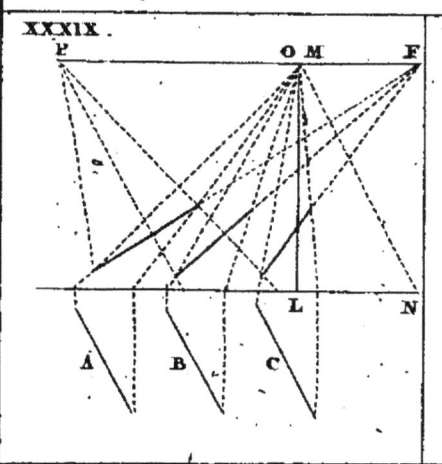

XL.

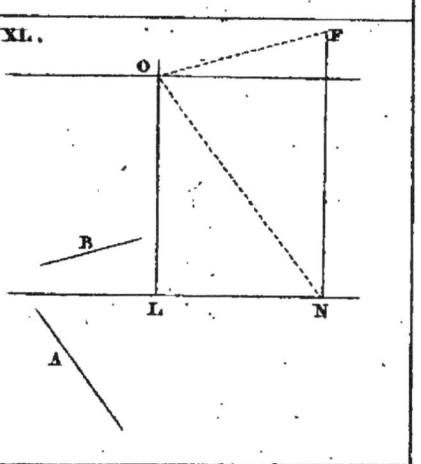

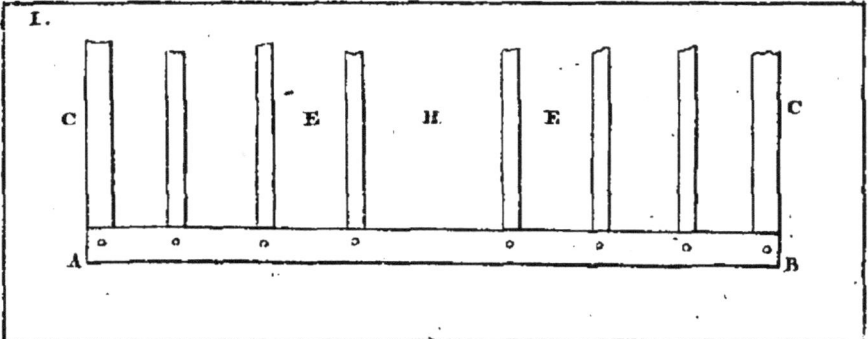

I.

C   E   H.   E   C

A   B

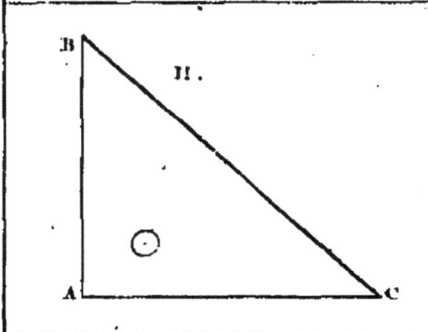

II.

B

A   C

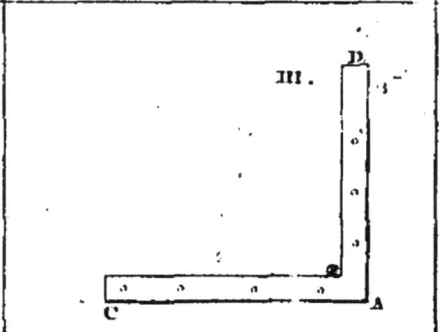

III.

D

C   A

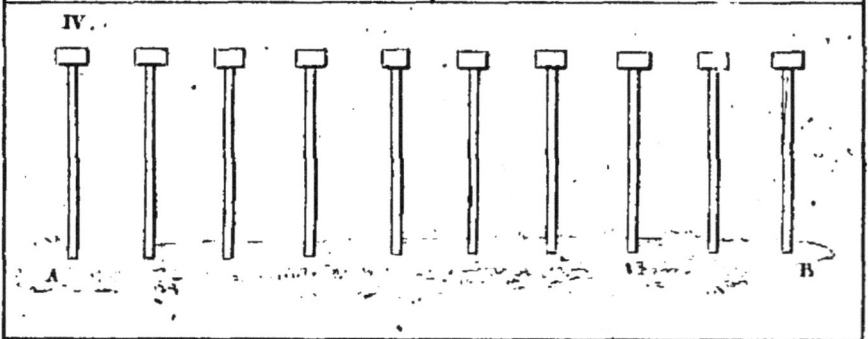

IV.

A   B

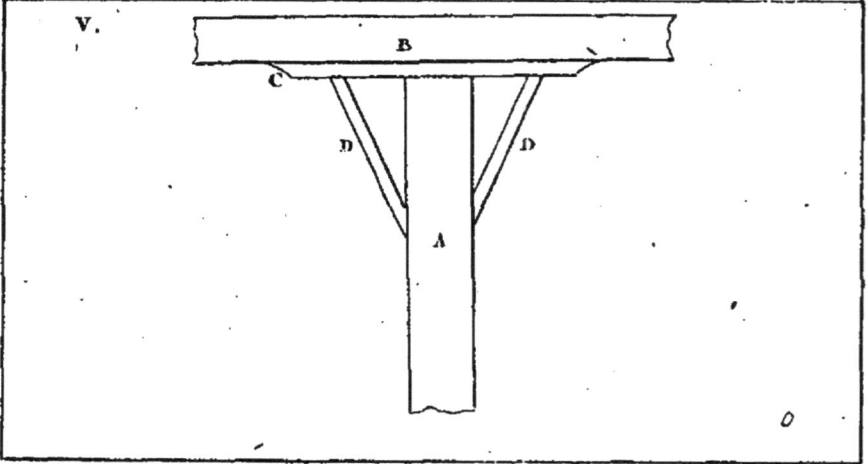

V.

B

C

D   D

A

VI.

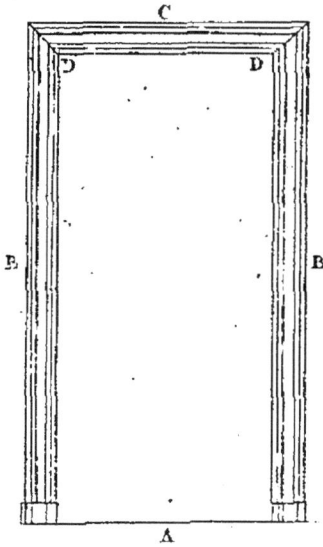

VII.

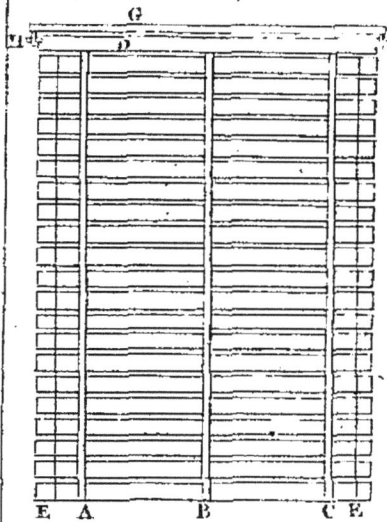

VIII.

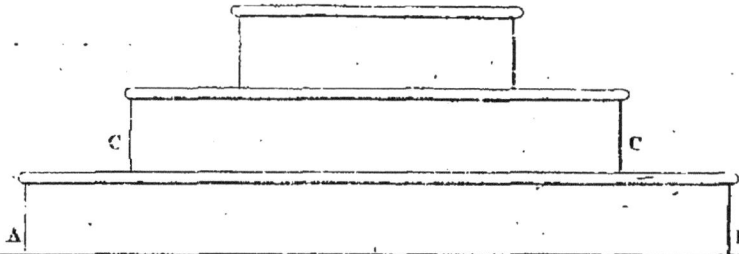

IX.

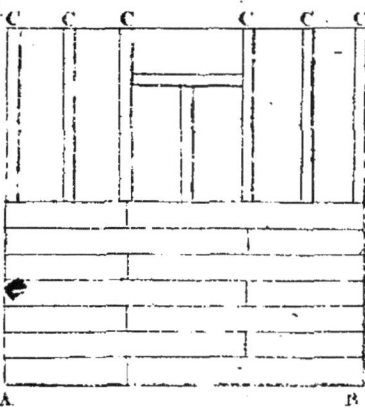

X.

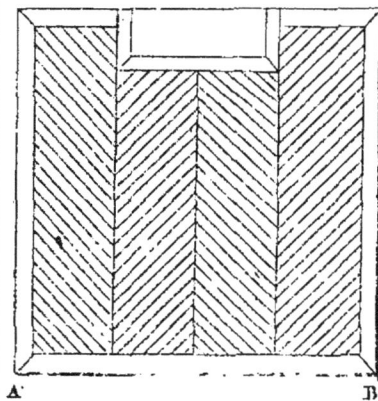

XI.

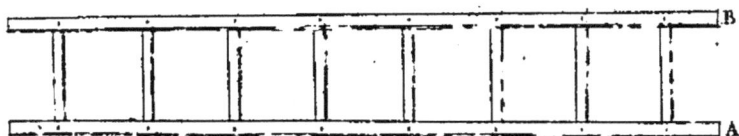

B

A

XII.

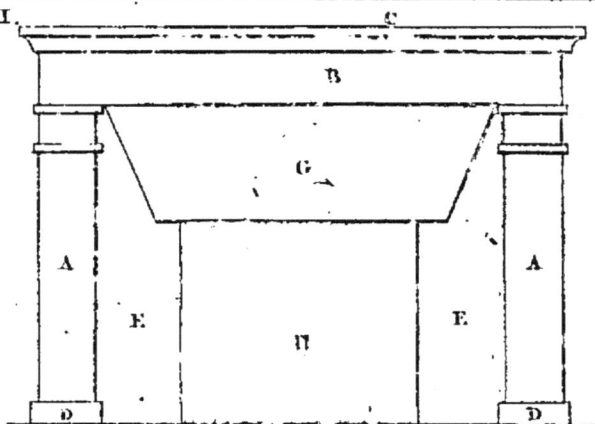

XV

XIII.

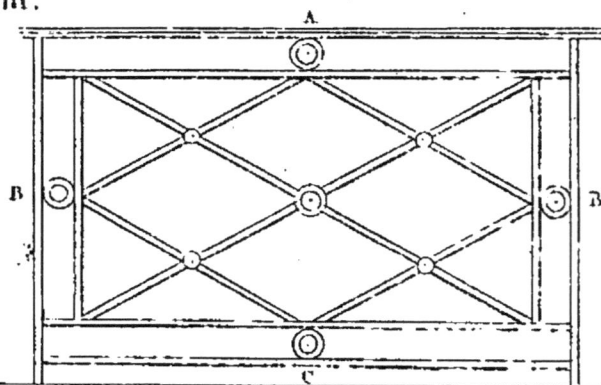

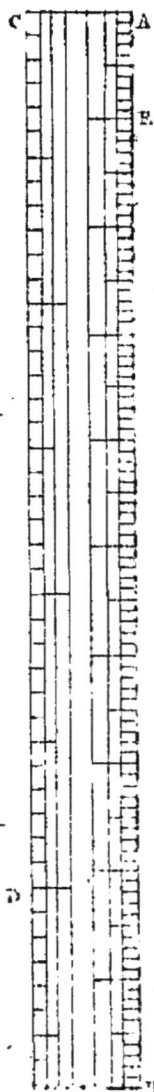

XIV.

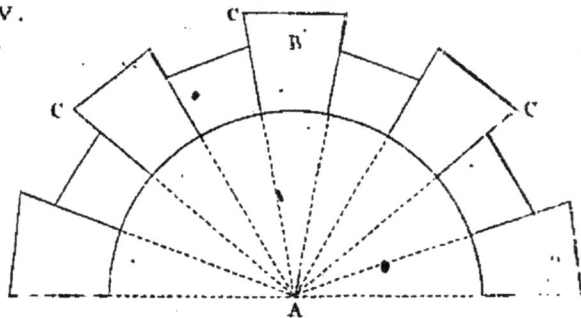

XVI.

XVII.

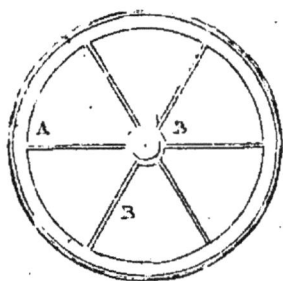

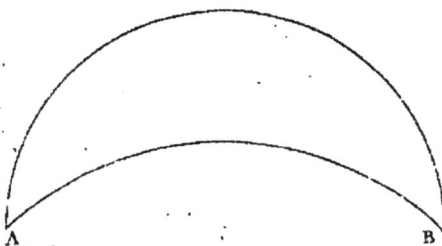

A B

XVIII.

XIX.

XX.

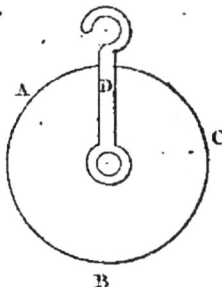

A D

C

B

B

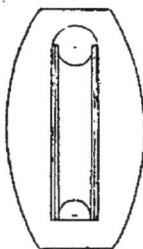

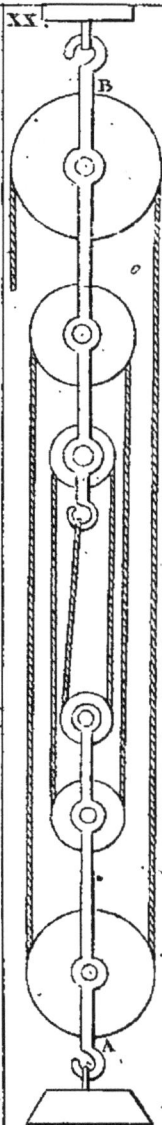

XXI.

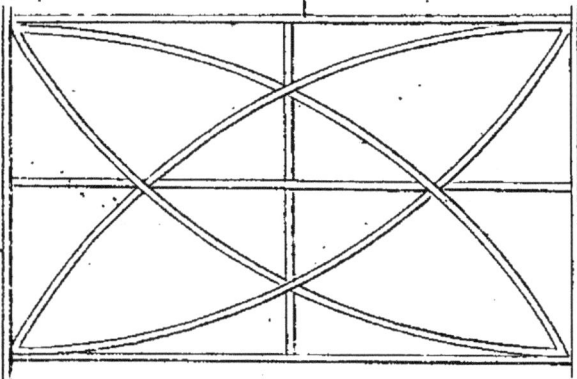

XXII.

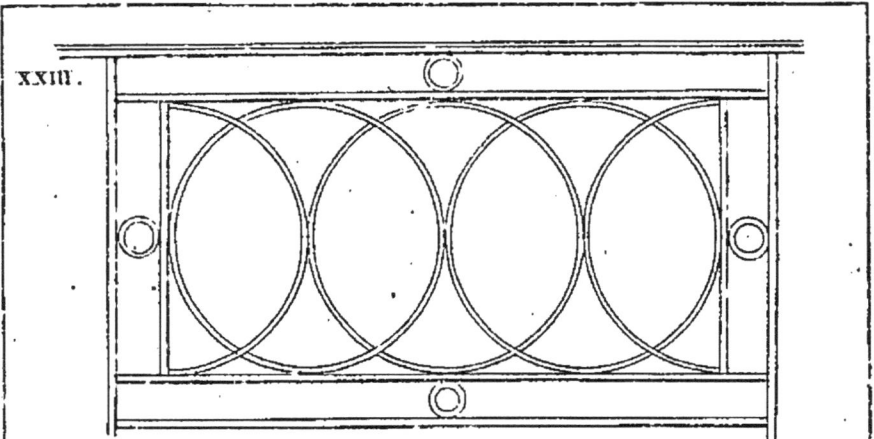

XXIII.

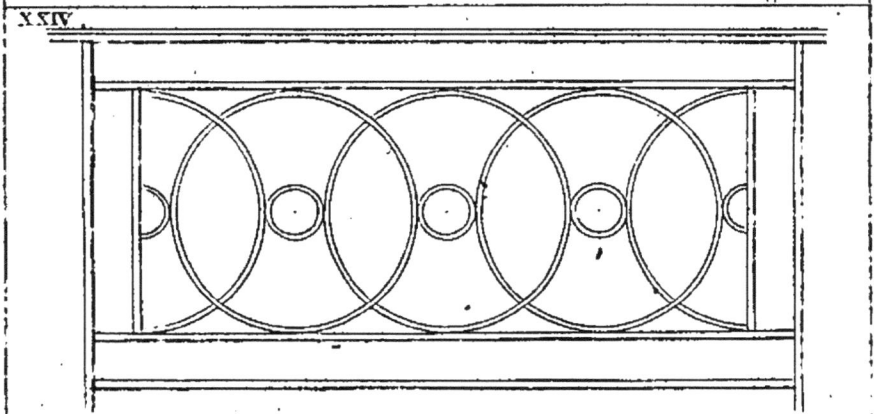

XXIV.

XXV.

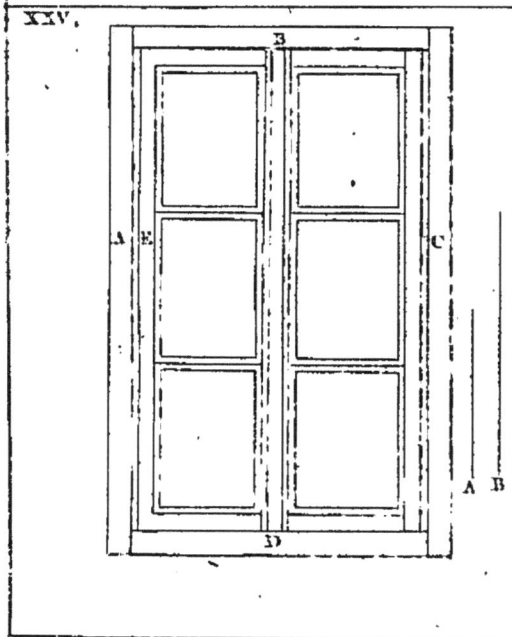

XXVI.

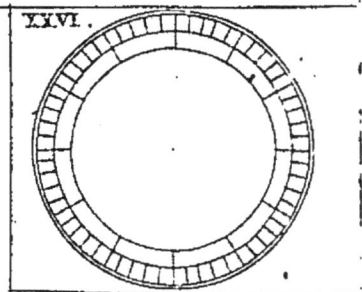

XXVII.

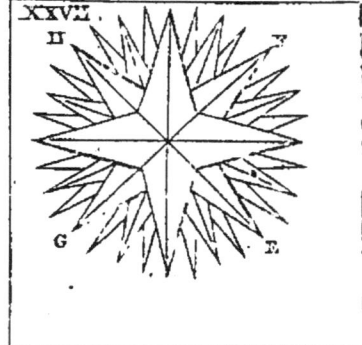

XXVIII.   XXIX.

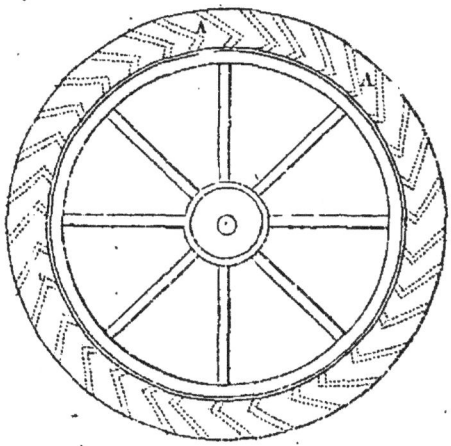

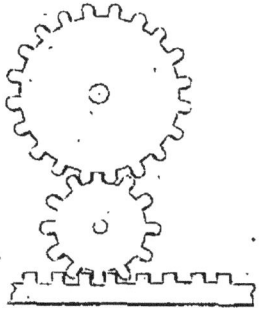

XXX.

A   B

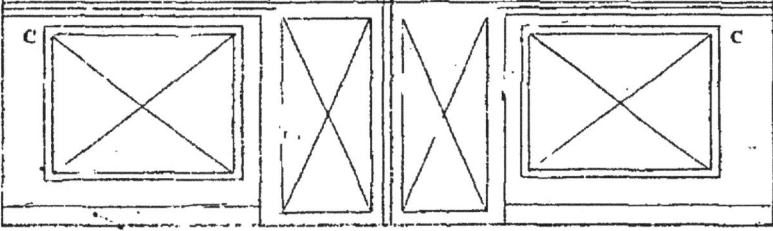

C   C

XXXI.

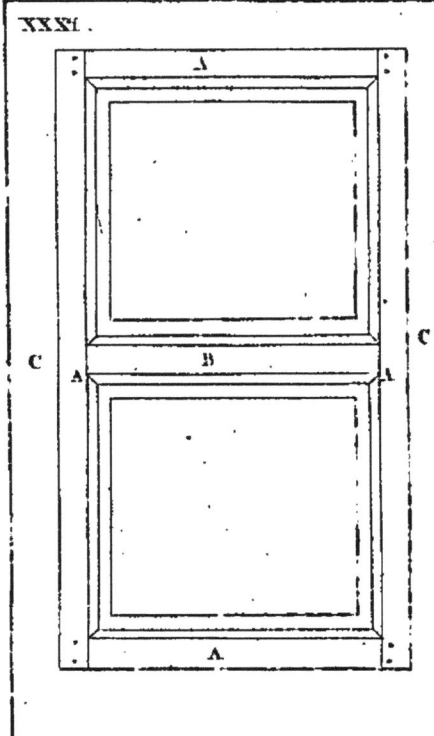

XXXII.

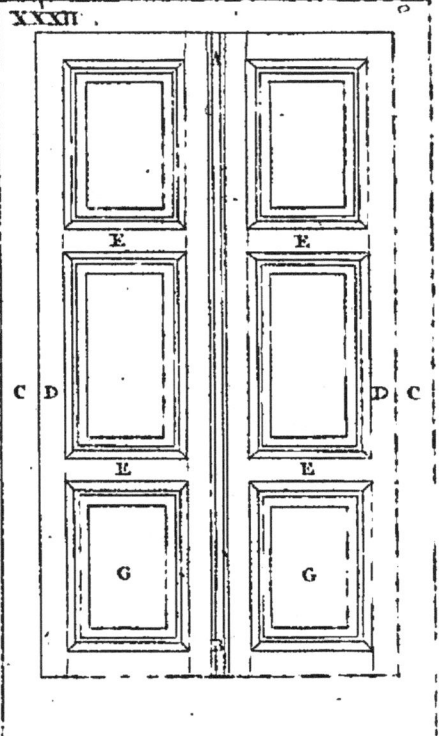

XXXIII.

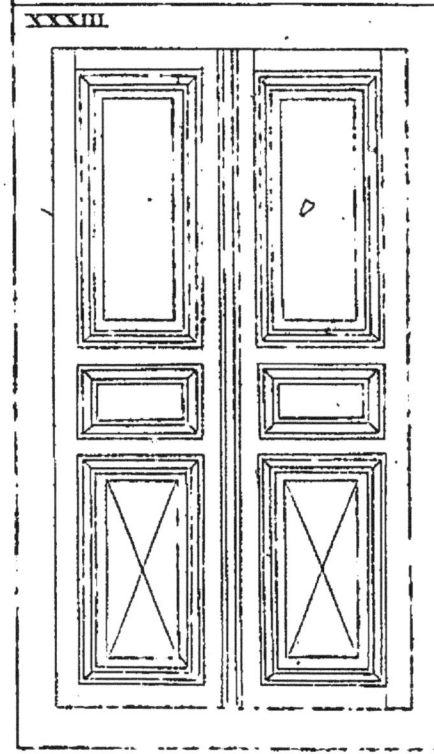

XXXIV.

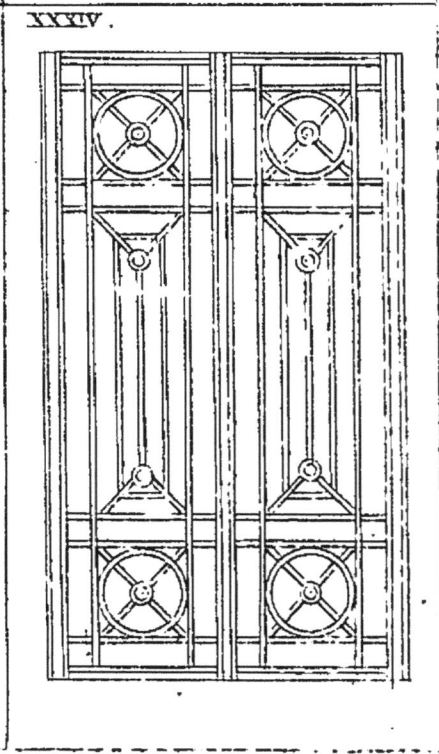

XXXV.

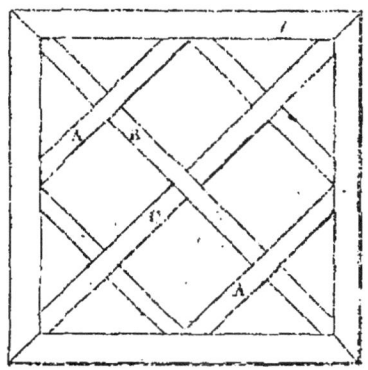

XXXVI.

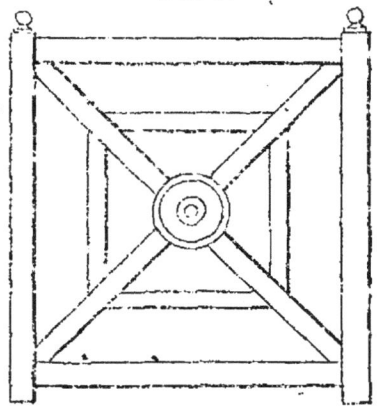

XXXVII.

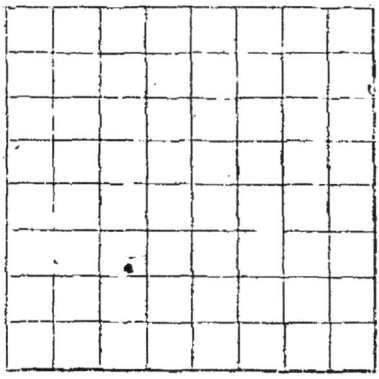

XXXVIII.

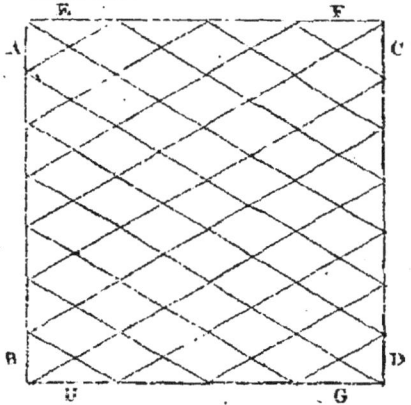

XXXIX.

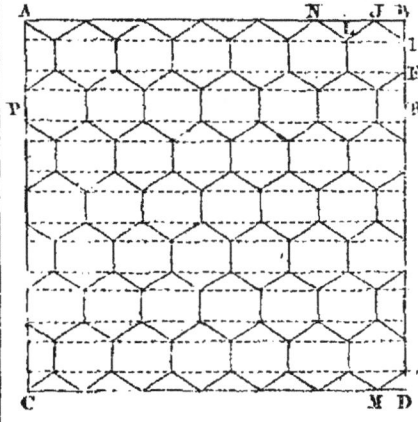

XL.

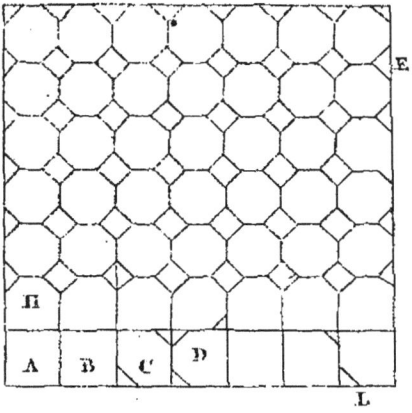

XLI.

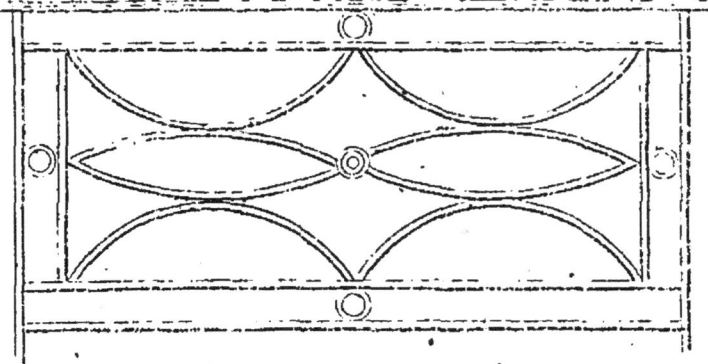

XLII.
A   B

XLIII.

XLIV.

XLV.

XLVI.

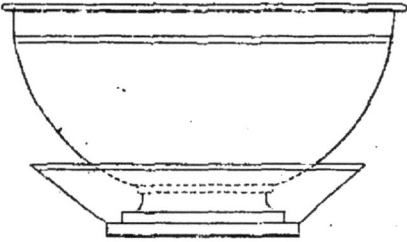

XLVII.

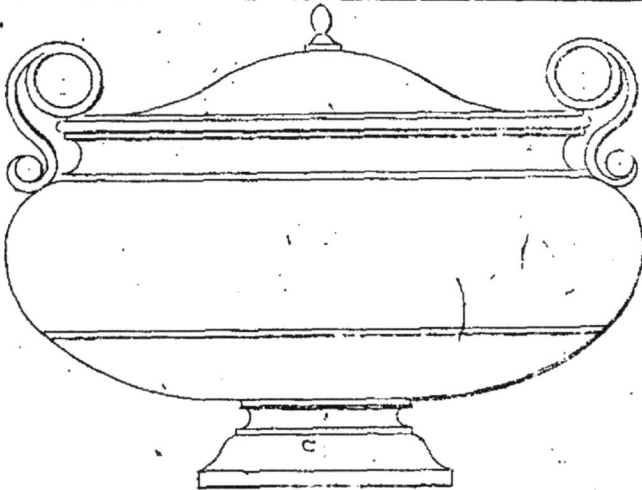

C

XLVIII.

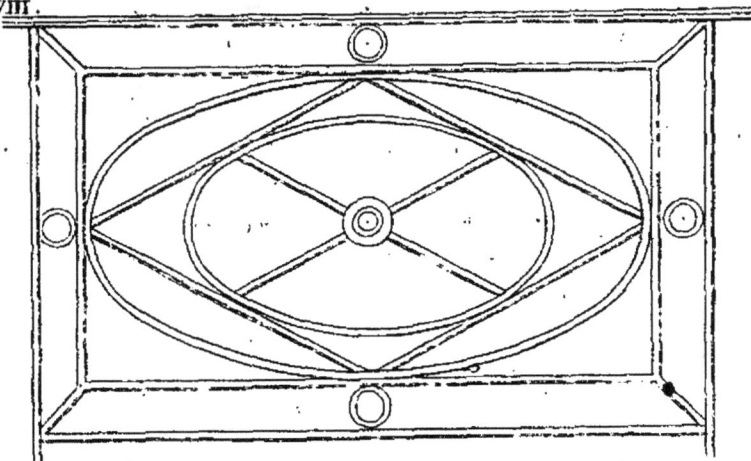

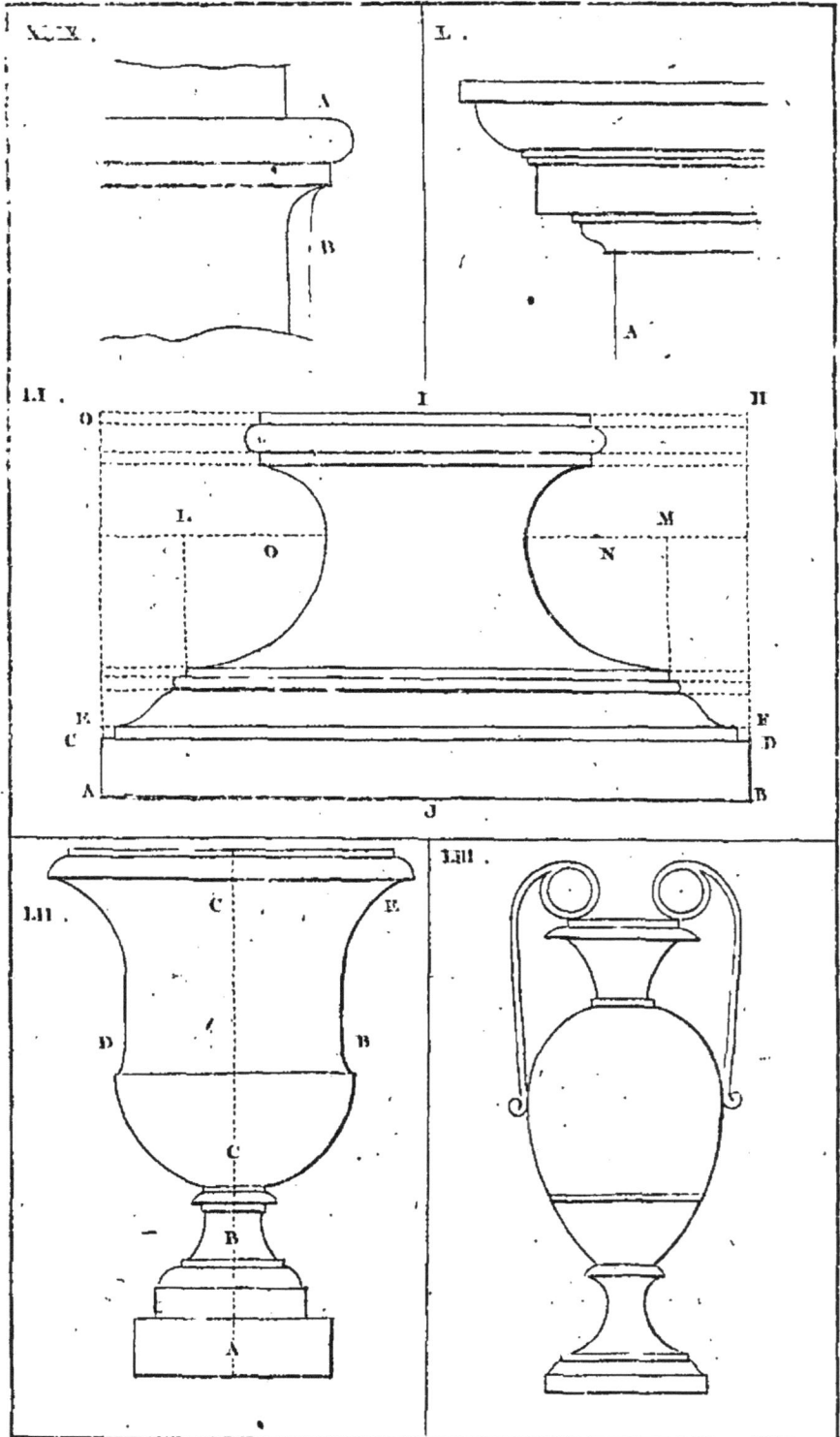

XLIX.

L.

A

B

A

LI.

O I H

L M

O N

E F
C D
A B
J

LII.

C E

D B

C

B

A

LIII.

LIV.

LV.

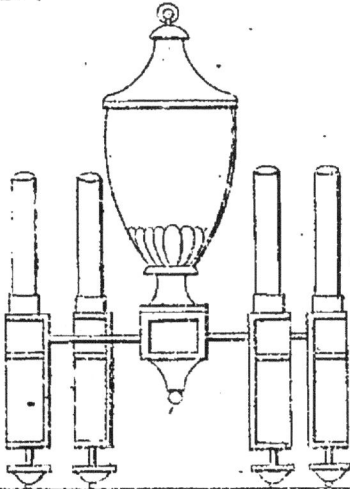
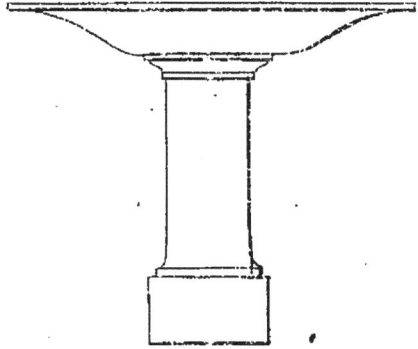

LVI.

LVII.

LVIII.

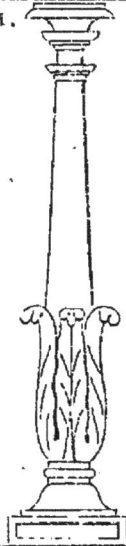

LIX.

LX.

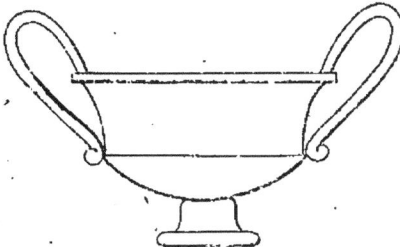

LXII.   LXI.

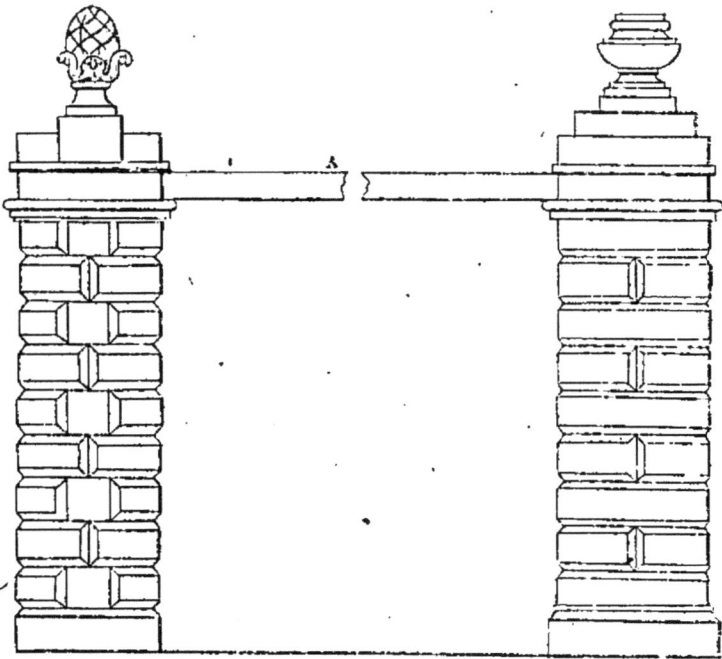

LXIII.

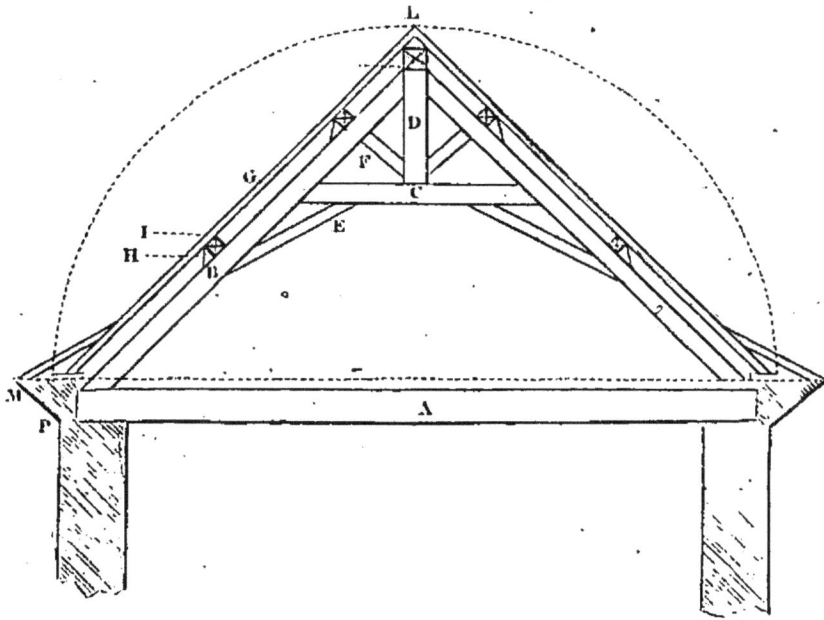

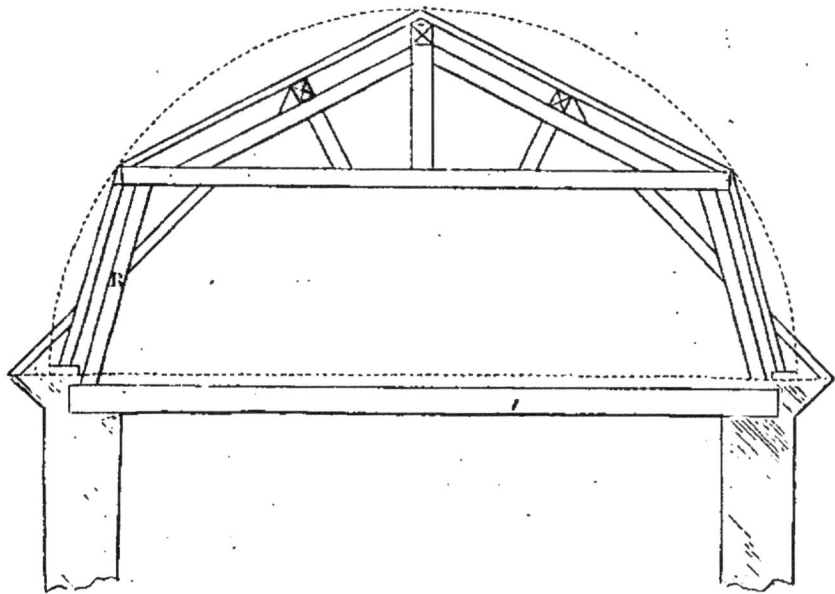

LXVI

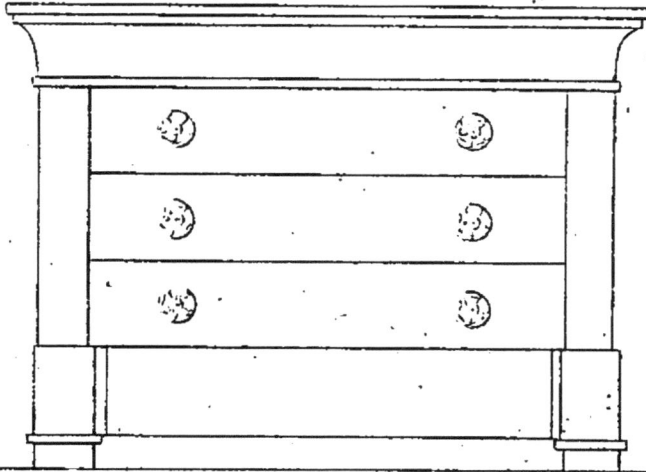

LXVII

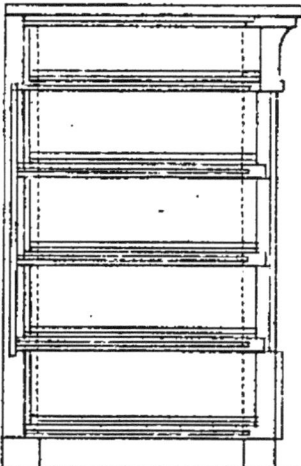

LXIX

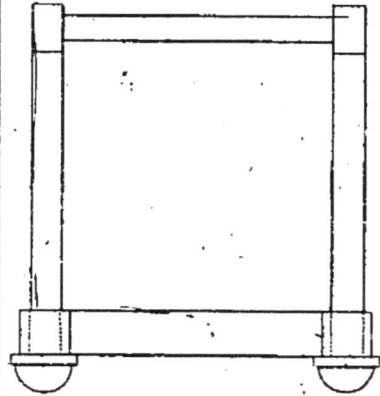

LXVIII

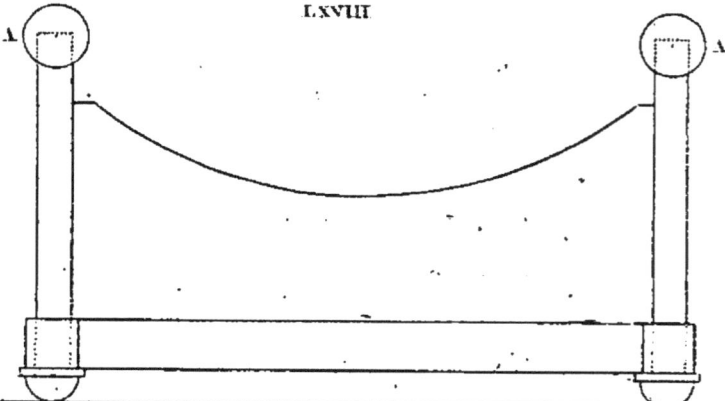

A   A

LXX

LXXI

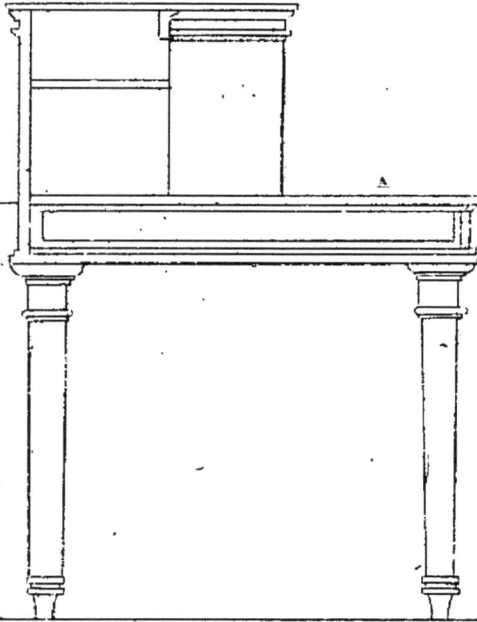

LXXII

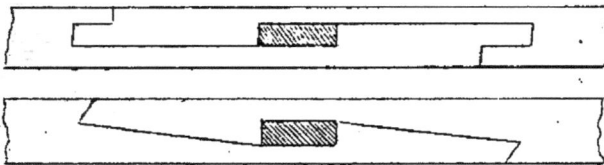

LXXIV

LXXIII

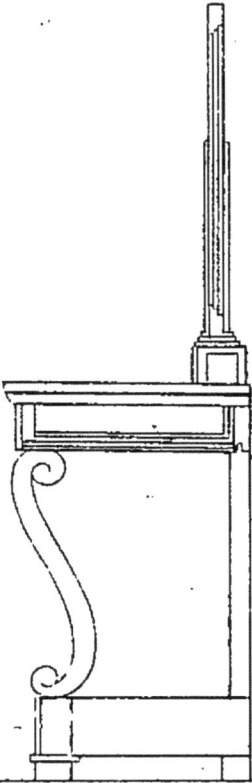

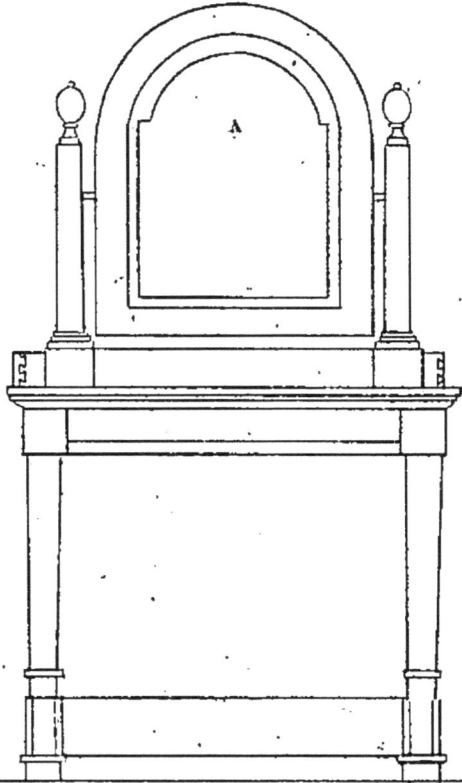

A

LXXV

LXXVI

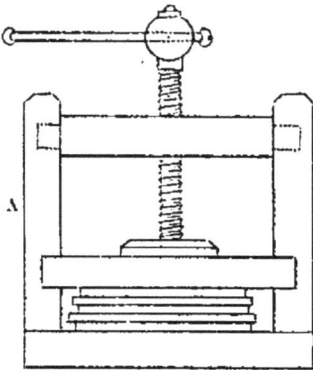

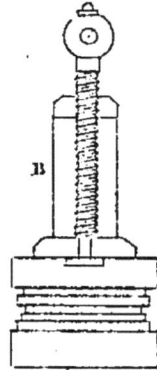

A

B

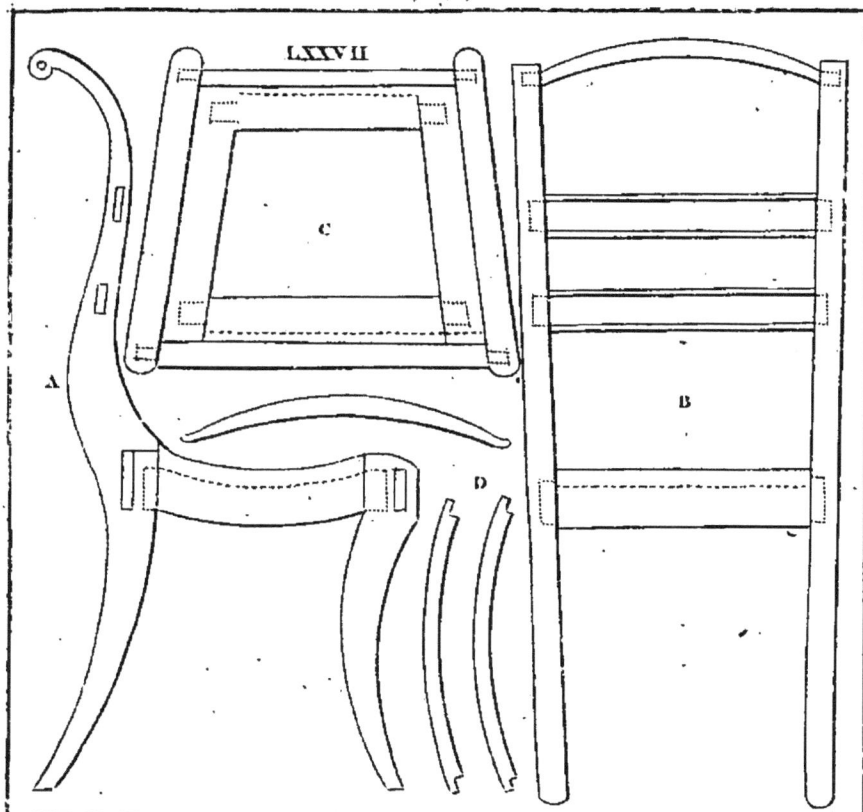

LXXVII

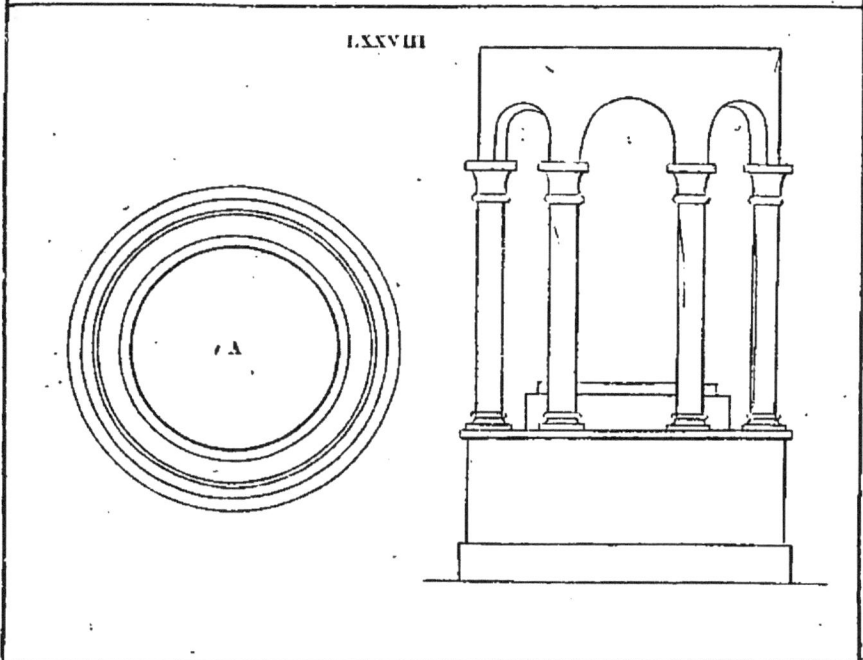

LXXVIII

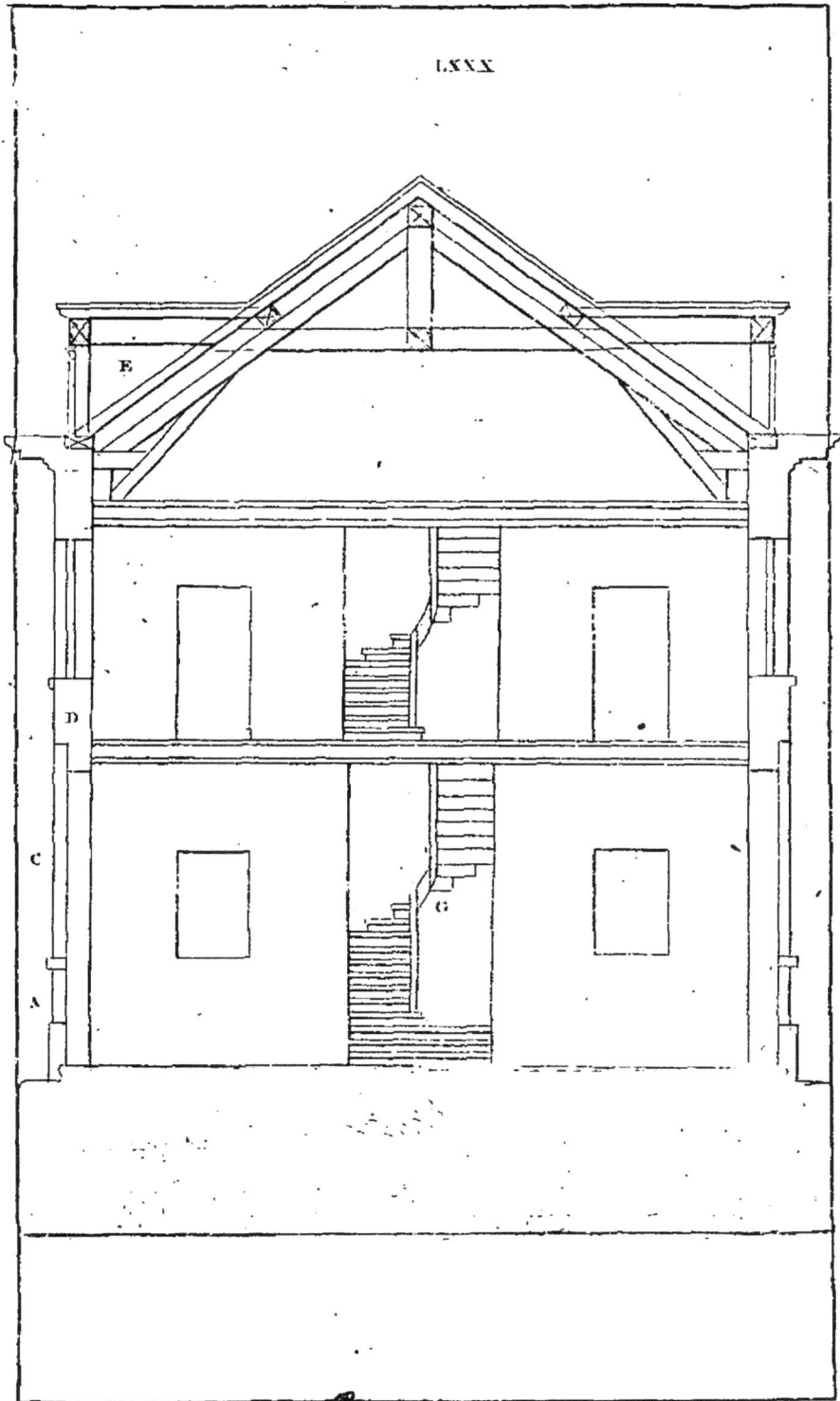

LXXIX

(35)

LXXX

E

D

C

A

G

LXXXI

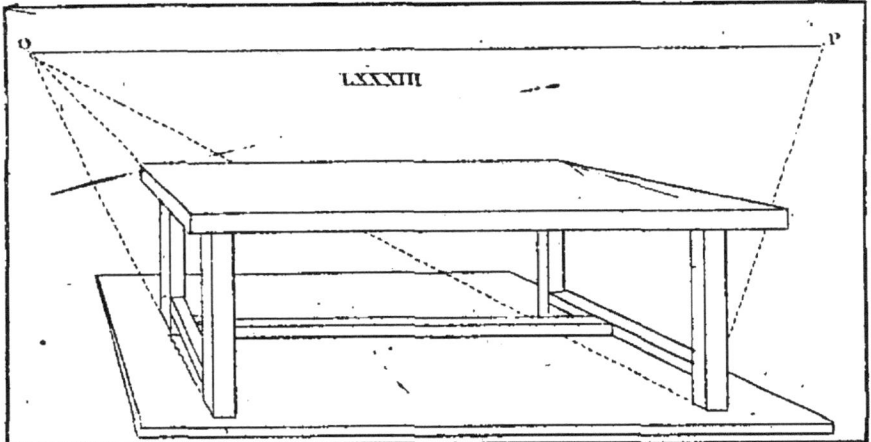

LXXXIII

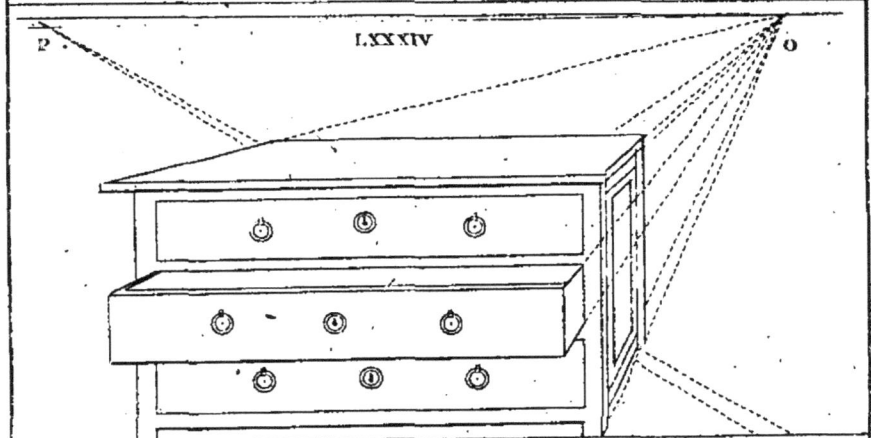

LXXXIV

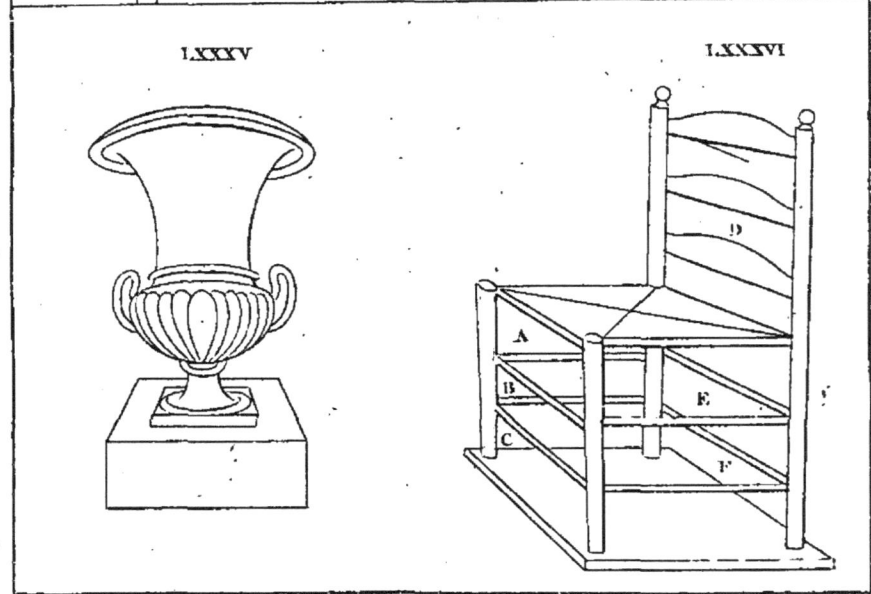

LXXXV

LXXXVI

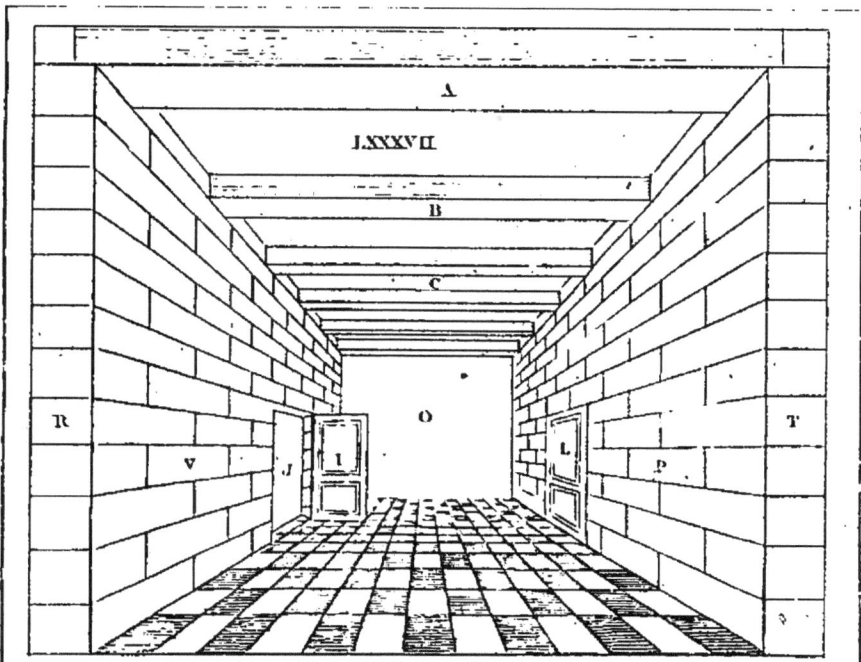

LXXXVII

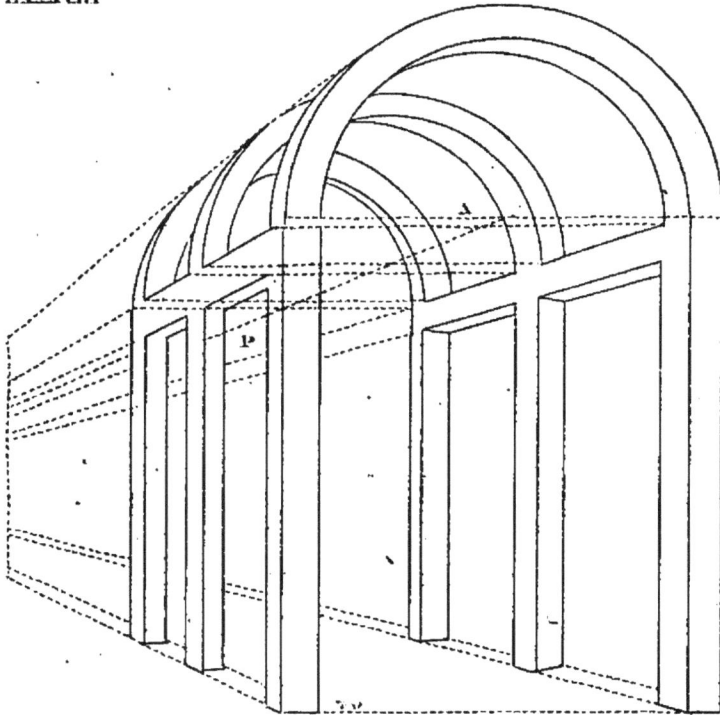

LXXXVIII

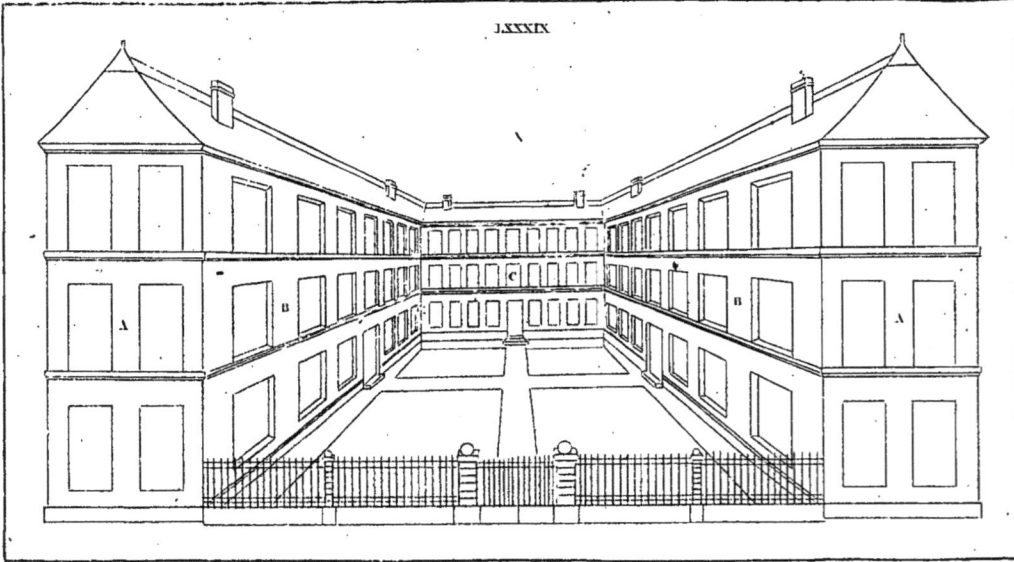

www.ingramcontent.com/pod-product-compliance
Lightning Source LLC
Chambersburg PA
CBHW071645200326
41519CB00012BA/2412